幸福女人
的养成方法

焦海利--著

吉林出版集团股份有限公司

图书在版编目（CIP）数据

幸福女人的养成方法 / 焦海利著. — 长春：吉林出版集团

股份有限公司, 2018.7

ISBN 978-7-5581-5232-0

Ⅰ.①幸… Ⅱ.①焦… Ⅲ.①女性 – 修养 – 通俗读物

Ⅳ.①B825.5

中国版本图书馆CIP数据核字（2018）第134157号

幸福女人的养成方法

著　　者	焦海利	
责任编辑	王　平　史俊南	
开　　本	710mm×1000mm　　1/16	
字　　数	260千字	
印　　张	18	
版　　次	2018年8月第1版	
印　　次	2018年8月第1次印刷	

出　　版	吉林出版集团股份有限公司
电　　话	总编办：010-63109269
	发行部：010-67208886
印　　刷	三河市天润建兴印务有限公司

ISBN 978-7-5581-5232-0　　　　　　　　　　　定价：45.00元

目录
CONTENTS

第一辑 CHAPTER 01
对生活保持积极乐观的态度

第二辑 CHAPTER 02

工作是幸福生活的润滑剂

目录
CONTENTS

第四辑 CHAPTER 04

寻找爱，经营爱，珍惜爱

目录
CONTENTS

第六辑 CHAPTER 06
美满的婚姻能带来一辈子的幸福

目 录
CONTENTS

第七辑 CHAPTER 07

有赚钱的能力，更有理财的头脑

第八辑 CHAPTER 08

不断充实自我，追求质感生活

对生活保持
积极乐观的
态　度

——●——

1

　　人生幸福的密码就是拥有良好的心态，一位哲人曾说过："你的心态就是你真正的主人。"人不能改变别人，但可以改变自己；人不能改变环境，但可以改变态度；人不能样样顺利，但可以事事尽力。心态决定一切，女人要用积极的心态面对生活，只有心存希望，勇往直前，才能拥有幸福的人生。

改变态度能够改变人生。一个人能飞多高，能走多远，心态起着至关重要的作用，我们的心态在很大程度上决定着我们人生的成败。

一位哲人说："你的心态就是你真正的主人。"

一位伟人说："要么是你驾驭生命，要么是生命驾驭你。你的心态决定谁是坐骑，谁是骑师。"

面对困难，只要你拥有好的心态，坚持自己的信念，使你的心灵保持创造力，就一定能克服艰难险阻。

好心态带来好生活

[相信自己是幸福的]

心态能改变人生。人的幸与不幸和个人想法有很大关系。我们依据自己的思维模式来思考，如果想获得永远的幸福，就必须保持乐观的思考方式。

希望的力量是无穷的。才女夏虹并没有因失去双臂而颓废，凭借着惊人的毅力，她用脚学写字，以优异的成绩完成了小学到大学的课程，又在残运会上夺得金牌。她自己的人生态度是：三分天赋，三分达观，四分勤奋。其时常说的一句名言是："因为有了希望，我才会远航。"最信奉的一个信条是："生命是一条只能向前而没有回程的路。"

开心是一天，不开心也是一天，为何不用积极乐观的态度去度过每一天呢？只有这样，我们的人生才有意义。心理学家霍林沃兹说过："快乐需要有困难来衬托，同时需要有克服困难的行动来面对困难的心理准备。"

一个女人，欲望太多，要求也会随之增多，尤其是对自己的爱人，就成了所有希望的聚焦点。有人说："所谓的苦难就是人对物欲的不满足而造成的。"如果女人能在平平淡淡的日子里，享受一份宁静的美丽。那么，她就会发现人生的旅途中处处有美丽的风景，生活就会时时有温馨的笑靥。

有一个女人，看着亲朋好友都逐渐发达了，她很不开心，她嫌弃自己的丈夫过于老实，于是整天抱怨生活。那个女人的母亲是位处事成熟的智者，也是远近闻名的聪明人。有一天母亲去看望女儿，听见女儿诉苦，便端来一杯水，一包盐。她把盐放在水里，然后说："你喝一口，告诉我什么味道。"女儿依照她的吩咐喝了一口："哇！好苦……"

母亲笑了笑，说："跟我来。"

母亲把女儿带到湖边，说："你把盐撒在里面，然后再喝一口。"女儿又照着做了。

"什么味道？"母亲问。

"很甜。"女儿回答。

母亲拉着女儿的手，意味深长地说："女儿啊，幸福的程度并不是取决于物质的多寡，而是取决于心态的豁达程度。人生不如意事十之八九，不如意的事情是非常多的。现在的不如意好比一杯盐水，而一生的幸福就如一湖的甜水啊。如果你能承受一杯水的苦涩，那么你必能享受到一湖水的甜美。虽然你没有精明能干的丈夫，但你有一个忠厚老实且深爱你的丈夫，你其实很幸福。你现在羡慕别人事业有成，别人说不定也在羡慕你家庭和美呢。"

把你的心态放开，试着想象一下，那容纳痛苦和烦恼的不是一杯水，而是一个湖，这样，你的心就宽敞明亮多了。

幸福与否，就看你怎么看待了。幸福，其实无时无刻不在我们身边，只要我们细心地去感受，敏锐地去观察，你就会发现，原来幸福与我们是那么接近！也许你一个不小心，幸福就会从我们身边偷偷地溜走。所以，我们应该在幸福还没有溜走之前，好好地把握，好好地珍惜！

幸福指数是由心态决定的。幸福是内心的一种感觉——相信自己是幸福的，珍惜自己所拥有的，感恩此刻所存在的，知道世间万物都是有可能给你带来快乐的，那么，幸福就一定会如同你看到春天那茂盛的、漫山遍野的花儿一样，让你时刻拥有赏心悦目的感觉。

所以，聪明的女人们，无论你们是在现实中，还是在游戏里，请保持一个好的心态，毕竟它会给你带来好运的。

[将好心态培养成一种习惯]

一个人的心态决定着他是否能够成功。成功者与失败者的区别是，成功者始终用最积极的思考、最乐观的精神和最辉煌的经验支配并控制自己的人生。而失败者则与之相反，他们的人生最容易受过去种种失败与疑虑的引导与支配。

他，一个北方小城的男孩子，凭着自己的努力考进北京的一所高校。开学后他在整个学期都不敢与同班的女同学讲话。

因为他觉得自己出生于小城，便意味着"老土"，没见过世面，所以最忌讳别人问他从哪里来，他认为那些来自大城市的同学肯定会瞧不起自己。但是在上学的第一天，他邻桌女同学问他的第一句话就是："你从哪里来？"就这样，第一个学期结束的时候，班里的很多女同学与他的关系就像陌生人一样。

在很长一段时间内，他的心灵都被自卑的阴影占据着。最明显的体现就是每次照相，他都要下意识地戴上一个大墨镜，从而掩饰住自己的内心。

和他一样，她也在北京的一所高校里读书。

她从来不敢上体育课，也不敢穿裙子。她总怀疑同学们会在暗地里嘲笑她，嫌她肥胖的样子太难看，大多数时间，她都在疑心、自卑中度过。

因为她不敢参加体育长跑测试，所以在大学结束的时候，她差点儿毕不了业。老师说："只要你跑了，不管多慢，都算你及格。"但是，她就是不跑，她想跟老师解释，她不是在抗拒，而是因为恐慌，害怕自己肥胖的身体跑起步来会显得十分愚笨，同学们一定会嘲笑她。但是她连向老师解释的勇气都没有，最后老师勉强让她及格了。

后来，在一个电视晚会上，她对他说："要是那时候我们是同学，可能是永远不会说话的两个人。你会认为，人家是北京城里的姑娘，哪会瞧得起我呢？而我则会想，人家长得那么帅，怎么会瞧得上我呢？"

他就是白岩松。现在是中央电视台著名节目主持人，常常对着全国的几亿电视观众侃侃而谈，他主持节目给人印象最深的特点，就是从容与自信。

她就是张越。现在也是中央电视台的著名节目主持人，且完全是依靠自己的才气，丝毫没有凭借外貌而走上中央电视台的主持人岗位。

成功要靠自己，没有什么人能够把成功送给你，每个人只有通过充分发挥其所固有的许多才能，才能获得成功。

从现在起，相信你是最重要的人，你就会慢慢走出自卑的阴影，发现自己的不平凡与无限可能，最终超越自己。

生命只有一次，我们无法改变生命的长度，但却可以用美好的心态拓展生命的宽度。我们无法改变命运的安排，但却能用知足常乐的心态让生命绽放出绚丽的色彩。

心态决定命运和你的一生，女人要有积极的心态，心存希望，勇往直前。要坚持，要有毅力，只有拥有好心态，你才会拥有幸福。

悲观的心态，使人灰心丧气；乐观的心态，使人充满活力。心态决定人生，心态决定命运，心态决定幸福。幸福是一种心情，它是一种知足、淡泊、随遇而安，乐己所乐，得意时淡然，失意时坦然，心怀感激的心情，才是幸福的源泉。

一定要把良好的心态养成一种习惯，一定要坚定地树立一种信念，这样，你很快就会发现，你极其渴望、你努力为之奋斗的目标是完全能够实现的。

你应该自信，任何一个女人都有特别的美，不仅仅在外貌上。也许你并不觉得自己很漂亮，可有一样东西却能使你引人注目，那就是自信。所以，每天起床时记得告诉自己，今天的你看起来比任何时候都美，你本来就很美。记得对每一个擦肩而过的人微笑，你发自内心的微笑会为你的美丽加分！

不让自卑成为幸福的绊脚石

[自信引领幸福]

自信是力量之源，力量是成功之根本。自信是人生道路上的一盏明灯，引导着我们走向成功的人生。

古人曰："人不自信，谁人信之。"建立自信，应该从相信自己，赏识自己做起。或许你没有闭月羞花的容貌，但只要有自信，你就会变得光彩照人，淡雅高贵。所以，无论在哪种场合，自信的女人都是最耀眼的焦点，而且永远不会因为容颜的衰老而失去自己的魅力。

有一个小女孩，她总认为自己长得丑，所以每次走在路上，她总是低着头，从不愿把头抬起来，怕人家说她丑。有一次，她在路上捡到一只美丽的蝴蝶发夹，偷偷地把它夹在头发上，她觉得因为有了那只美丽的发夹而变漂亮了，所以昂起头。一路上有很多人朝她微笑，她也朝着行人微笑。她觉得自己从没有如此美丽过。她匆匆地赶回家，想看看她戴着发夹的样子有多么美丽。可当她照镜子时发现，她的头发上什么都没有，那只蝴蝶发夹不知何时早就掉了。

自信的女人有一种不一样的吸引力，她可以让女人更妩媚生动，更光彩照人，让女人更坚强，更有勇气地面对生活中所遭遇的艰难困苦，在挫折面前不低头；自信让女人相信自己可以克服所有的困难，并不断地完善自己，努力使自己趋于完美。

自信的女人是最美丽的：明亮的眼神，自信中的妩媚，从容不迫的谈笑，渗透骨子的优雅。总而言之，我们可以长得不出众，我们可以没有高贵的地位，我们可以生活得不富裕……但是，我们不能失去自信。自信会使女人沉淀在心中的内涵，通过自信的表情，把她全部的美丽毫无保留地绽放出来，这样的美丽绝不会受到岁月的侵蚀。

在恋爱婚姻中，令男人欣赏的女人也往往是自信的女人，因为自信的女人，让他们在交往的时候没有压力。很多时候，女人会很小气，有些女人对自己的男人太过紧张，总会要求对方不停地报告自己的去向，虽然在爱情里面，适当地吃点小醋可以增加情趣，但是太过压抑的爱只会让对方害怕，因此，在这一点，女人的自信就显得非常重要，相信自己是最好的，适当地给男人一点空间，即使他飞得再高，线还是在你的手中。

若要成为一个幸福的女人，首先做一个充满自信的女人吧，你会发现，你比之前更快乐，因为你不会把自己的全部心思都放在男人身上，你开始琢磨着做一些自己想做的事，不断地提高自己，当你成为一个成熟而自信的女人时，你的另一半就会更加呵护你。

［做无可替代的自己］

自信是成功之帆，自信成就了美丽！

自信的女人知道自己想要什么，能得到什么。她们有自己独立的思想，有自己正确的人生观。对于自信的女人而言，或许外表并不美丽，但她们由内而外散发出来的气质已经征服了大家，身边的人都会喜欢与之交往，喜欢那种轻松无压力的相处方式。

在南太平洋某岛国的一个村庄里，有一个年轻的小伙子约尼，一提起他，村子里的人无不竖起大拇指。他相貌英俊，身体强壮，且博闻广识，乐于助人。但是，一说到他刚娶的妻子，村民们无不惊叹，纷纷摇头。那个女人长得普普通通，瘦得皮包骨，而且走路时爱伛着背低着头。她十分怕生，一见到外人就会局促不安。与此同时，她比约尼年龄大，老气。人们不明白为何约尼的眼光那么失水准。

优秀的约尼非常喜欢这个女人，他为她出的彩礼令当地人感到意外。按照当地婚俗，男方必须送给女方母牛作为彩礼。一般人家只送两三头牛，如果送4~6头，那就算是很高的彩礼了。但是，约尼送出的彩礼是八头牛，这种情形从未在村子里发生过。

村民们都认为约尼是昏了头，因为他们都觉得不值得为那种女人付出八头牛，谈到约尼送彩礼的事，村民们无不笑出声来。

约尼和那个女人结婚后，一个外国商人到村子里做生意，他听人们谈起约尼和其用八头母牛娶来妻子的故事，觉得很好奇。于是就登门拜访了这对新婚夫妻，然而他看到约尼的妻子并不像传言中所说的那样害羞、平庸，那个女人看上去漂漂亮亮的，容光焕发，充满自信。一切与他听到的完全不一样。

为什么他的妻子婚前婚后判若两人？这名商人感到不解，于是他就问约尼，约尼回答说："我想要娶一个值八头牛的女人。我的这个老婆，不出八头牛娶不来，我认为她值这个数。她嫁给我之后，我也把她当做有八头牛身价的女人看待。她发现自己比村里其他女人的身价高多了，开始相信自己是一个不同一般的女人。这样，她的心态就变了。你要知道，当一个人对自己的看法改变的时候，什么样的奇迹都会发生。"

自信的女人拥有的东西不一定很多，但是她们却拥有着一份富可敌国的财富——自信，这是一份永远不为外人夺取、永远属于她自己的财富，罩在她的身上，成为她的魅力。

聪明的女人们都应学会做自信的女人，相信自己是唯一的，无人可以代替，当你拥有了自信，你就会变得更妩媚动人，你的人生也会更美丽，更精彩。

自信是成功的第一秘诀，自信的女人是最有魅力的女人。女人应该充分肯定自己的优点，有机会展示它们的时候不要退缩，要敢于告诉自己："我行！我可以！"然后，不要去看围观人的眼神，不要理会别人眼里的你看起来是否胆大妄为。大胆去尝试，好好把握机会，不要和它失之交臂。相信你的优点和特长，一定可以得到大家的肯定！

知足常乐是中国有名的古训。快乐其实存在于日常工作和追求之中。人之快乐，全在心之快乐，摒弃那些不必要的烦恼，你将会变成快乐的人。让我们把快乐带到朋友、家人以及工作之中去。拥有快乐心境，快乐才会向你微笑，让你永远享受快乐。

微笑是快乐的发源地

[让笑容成为永远的风景线]

人的一生，难免会有烦恼和忧愁。每当我们遇到烦恼和忧愁时，一笑而过是一种平和释然，然后努力化解，这是一种境界。面对失败和挫折一笑而过，然后重整旗鼓，这是一种勇气。很多时候，困难挫折都是暂时的，与其让烦恼压抑自己，还不如释怀一笑，轻松快乐地生活，微笑面对每一天。

有一个名叫胡达克鲁丝的老太太，她六十多岁了，邻居W夫人和她是同龄人。在她们共同庆祝七十大寿时，W夫人认为人活六十古来稀，自己已年届七十，是该去见上帝的年龄了。因此，她决定坐在家里，足不出户、颐养天年。她为自己做寿衣、选墓地、安排后事。而心态较好的胡达克鲁丝则认为：一个人能否做事，不在于年龄的大小，而在于自己的想法。于是，她开始学习爬山。在她九十五岁高龄时，她登上了日本的富士山，打破了攀登此山年龄最高的纪录。而她的邻居W夫人，在得到七十岁生日这个信息的刺激时，反应消极，结果在好多年前就去见上帝了。

笑对人生，是一份超然。用超然的心态看待一切，不去苛求。

波尔赫德曾是风靡四大洲戏剧舞台50多年的话剧演员，71岁时，她突然破产了，更糟糕的是，她在乘船横渡大西洋时，不小心摔了一跤，腿部严重受伤，引起了静脉炎，必须把腿部切除。医生怕她忍受不了这个打击，不敢把这个决定告诉她。但波尔赫德的反应很平静，她注视着医生说："既然没有别的办法，那就这么办吧。"

手术那天，波尔赫德在轮椅上高声朗诵戏里的一段台词。有人问她是否在安慰自己，她回答："不，我是在安慰医生和护士，他们太辛苦了。"后来，波尔赫德继续在世界各地演出，又重新在舞台上工作了7年。

"天有不测风云，人有旦夕祸福。"在这些变故面前，能否做到临变不乱，遇乱不惊，泰然处之呢？乐观是至关重要的。

或许正如约瑟夫·艾迪逊所说："在人生的旅途中，真正的幸事往往以苦痛、丧失和失望的面目出现；只要我们有耐心，就能看到柳暗花明。"

面对坎坷和挫折，有的人会振奋精神和奋力拼搏，他们把坎坷当做攀登高峰的阶梯，把挫折当做创造辉煌的伴曲，正是因为如此，他们的人生才显得辉煌。然而也有一些人，或怨天尤人，牢骚满腹；或一蹶不振，精神萎靡；甚至因此而轻生，放弃生命。如果和那些残疾人相比，这些人无疑是生活的弱者。他们的人生是平淡无味的，缺乏绚丽的七彩阳光。

不管什么时候，都要拥有一个好心态。笑对人生是一种宽广深邃的智慧体验，是一种无法超脱的成功法则。每个人既爱它的灿烂前景，又恨它总是那样难以驾驭。既然生活在这个世界上，就笑对人生吧，让你的笑容成为一道永远的风景线。

[调整心态，享受快乐]

很多人因感受不到快乐而苦恼，常常抱怨自己的不幸。其实快乐就在自己的身边，伸手可摘。只要你每天有一份快乐的心情，舒畅地生活，快乐便在生活之中；只要你淡泊名利，节制欲望，适时地调整自己的心态，就能享受到快乐。

幸福的女人常有一个好心态，有位家庭主妇在自己家门上挂了一块方木牌，上面写着两行字："进门前，请脱去烦恼；回家时，带快乐回来。"

她的朋友觉得很奇怪，问其来历。女主人说："其实也没什么特别的意思，刚开始只是提醒我自己，身为女主人完全有责任把这个家经营得更好……而真正促使我这样做的原因是，有一次在电梯镜子里看到自己一张疲惫、灰暗的脸，一双紧拧的眉毛，下垂的嘴角，烦愁的眼睛……把我自己吓了一大跳，于是，我开始想，当孩子、丈夫面对这种愁苦暗沉的面孔时，会产生什么样的感觉呢？假如我面对的也是这样的脸孔时，又会有什么样的表情呢？接着我想到孩子在餐桌上的沉默、丈夫的冷淡，这些在原先意念里都认定是他们不对的事实背后，是否隐藏了另一项我不了解的原因，而真正的原因，竟是我！当时我吓出一身冷汗，为自己的疏忽……当晚我便和丈夫长谈，第二天就写了一方木牌钉在门上以此提醒自己，结果，被提醒的不只是我，而是我的一家人……"

生活中的每一件小事都蕴藏着无穷的乐趣，只是有的人不知道如何去发现它。快乐和尽责是分不开的，只有尽责，才能获得真正的快乐。

曾听过这样一个故事：一位老太太有两个儿子，大儿子是卖伞的，小儿子是卖扇的。天晴时，老太太发愁大儿子的雨伞卖不出去；下雨了，老太太又开始发愁小儿子的扇子卖不出去。长此下来，老太太得了忧郁症，笑容没了，人也苍老了许多。两位儿子为母亲请来城里的名医为之治病，可是，老太太还是没有好转。有位邻居得知此事后，就对老太太说："今天天气可真热，你小儿子的扇子店生意很好，你应该高兴才对。天要是下雨，你大儿子的雨伞又可以卖得好，你更应该为他们其中的一个高兴才对，有什么好发愁的呢？"老太太一听，"对啊！我怎么就没想到这一点呢？"说着，她便笑了起来。从此以后，这个老太太成为镇上最快乐的人。

的确如此，换一种心情看待生活，你就会发现，生活无处不充满着美好！人活在世上，就要始终相信生活是美好的。

有失必有得。造物主如此玄妙地造化了众生，让你在得到的同时也在失去，这就是所谓的公平。当你失去繁华城市的喧闹，便能获得蓝天白云的宁静；让你得到名人的声誉和巨额财产，就让你失去普通人的自由与淡泊的欢愉。因此，在不断获得的同时，我们还要学会放弃，学会享受快乐。

人生充满了无数个选择。而一个人对待生活的态度，就代表了一切。我们不能改变天气，但是我们可以改变笑脸，请展开你紧皱的眉头吧，不要陷入生活中不如意的一面而心烦意乱、情绪消沉，让我们天天开心，改变我们的心情气氛。这种阳光不仅能给我们带来好运气，还会使自己成为一个快乐的发源地！

有自信固然好，自信是一个人必须具备的基本素质。但是，自信的真正意义在于对自己力量的把握和对敌人实力的准确判断，从而在心中真实地得出自己的能力，对于自己的能力形成正确的认识。盲目的自信就是自大，不可取也。

客观看待自己和他人

[你是这样的女人吗]

有这样一种女性：她们或出身显赫，或家境阔绰，或容貌出众，或才华过人，在她们的潜意识里，总是以此为资本，像高贵的公主一般指挥别人。她们自信也自负；她们开朗也有小脾气。在事业上，她们可能真的是出色的女将，但生活中，这样的女性并不受欢迎，因为一般的男人很难接受这种女人。

在一家大公司，怡莉担任副总经理。不管在公司还是在朋友圈里，她都有一种鹤立鸡群的感觉，但最近她却是一副无精打采的样子，原因是自己的丈夫竟然有了外遇。

如果第三者的条件非常好，她也许自叹不如。可偏偏那个第三者既不漂亮，也不聪明，怡莉想不明白丈夫为何会看上这个女人。

平时，怡莉对自己非常自信，觉得自己是个漂亮、优雅、聪明而又有魅力的女人，别说对自己的丈夫有吸引力，就是在别人眼里，也是焦点人物。她一直觉得丈夫当年娶自己是"癞蛤蟆吃上了天鹅肉"；她一直觉得自己是家庭的顶梁柱，只有自己"开除"丈夫的份儿……她没有想到事业成功的自己，却在爱情上跌了重跤。"输"给一个各方面都不如自己的女人，对此，她更是无法接受……

这个故事告诉我们：鱼在水中，冷暖自知。和谁结婚是面子，和谁生活是鞋子。娶个漂亮、优雅、聪明又有魅力的女人是有面子的事，更多的是给外人看的。外在看到的优势放在婚姻中并不一定是优势，因为婚姻生活是过日子，就像脚上的鞋子，合不合脚只有自己清楚。在现实生活中，一个眼神、一杯清茶、一桌好菜、一脸笑容都可能充满魅力。女人应该明白，是细节和仪式构建起了家庭。

在上面的事例中，怡莉在平时就没有摆正工作与生活的位置，她不自觉地把自己在职场上的处事风格和习惯带入了家庭生活，一直在丈夫面前表现出优越感。长此以往，丈夫在妻子面前的尊严也被逐渐磨灭了。丈夫内心求得尊重与地位的欲望越是压抑，其爆发时的力量就越大。一旦找到合适的机会，他就会移情别恋。

古希腊著名的埃斯库罗斯说："人不该有高傲之心，高傲会开花，结成破灭之果。在收获的季节，会得到止不住的眼泪。"女人应切记这句话。

[过度自信就是自大]

古人曰："人贵有自知之明"。"贵"字不仅表明一个人有自知之明是多么难能可贵，还意味着一个人要有自知之明也不是一件轻而易举的事。

自信，对任何人做任何事来讲都是必要的，也是值得鼓励和提倡的。但是，若没有对自我进行一个正确认识，一味地盲目自信，过分高估自己的能力，终将会有不好的结果。

自信的女人固然很美，很吸引人，但是女人却不能盲目自信，因为盲目自信就是自大。

有些男人会因为两个原因去接近一个女人，看上女人的钱或者是她的外表，只要一个女人有一方面还说得过去，必定会吸引一些男人，但事实证明，这种男人一般都不会是可以陪女人一生的人，可能连想和女人结婚，在一起生活的想法都没有，一旦达到目的，即得到他想要的之后，女人对他就没有一点吸引力，分手是必然的事情。所以，聪明的女人永远不要盲目相信男人会毫无理由地喜欢你的超人魅力。

容貌衬不出一个女人的自信，女人的自信是靠内涵衬托出来的，那种美是一种由内而外散发的独特气质。所以，女人若要找到真正爱自己的好男人，就不能老是稀里糊涂地盲目自信。

只要不是哑巴，山盟海誓、甜言蜜语谁都会说，但那些话不是说出来就是真的，而是要用实际行动证明的。所以，如果一个男人说喜欢你，说可以为你无怨无悔地付出"真心"，愿意等你一辈子的时候，问问自己到底有什么地方让他喜欢，他凭什么能够这么无怨无悔地付出，他真的可以等你一辈子吗？

聪明的女人们，不要因为一时冲动或瞬间的感动，就把自己的心和人都托付给别人，盲目的决定多半都会后悔的，有时候可能后悔莫及，因为情感上的失败会让女人付出很大的代价。

还有很多女人时常会感叹命苦，说身边没有优秀的男人，其实，并不是她们没有遇到优秀的男人，只是那些优秀的男人不会轻易对任何一个女人做出承诺，他只对自己真正爱的女人承诺，然后用自己的努力实践他的承诺，这样优秀的男人是聪明的，他们往往会选择一个同样优秀的女人，所以，女人们不要抱怨，没有找到优秀的另一半，或许只是因为你自己还不够优秀，对自己的要求还不够"严格"。

若要成为一个幸福的女人，就要对自己狠一点，这并不是在为难自己，而是在修炼。美丽是理解，是温柔，是善良，是谦逊，所有美好的词语汇成了两个字：涵养。涵养是美丽的基础。若失去涵养，女人的美丽就会瓦解。

若要成为一个美丽的幸福女人，不能缺少自信，但也不可盲目自信。盲目自信常常会让一个女人变得狂妄，让女人迷失自我，挡住前进的道路。因此，在人生的道路上，女人们必须客观地看待自己、看待别人，这样，才有可能幸福快乐。

漫漫人生，总免不了寂寞、失望、痛苦、幻灭的打击。这就是人生，这些也是人生的组成部分。每个人都会有人生低谷期，这个时期有长有短，可以是一天，一个星期，一个月，半年或一年，也可以更为长久。

处于人生低谷中，只要你能咬牙挺过去，就会有可观的收获。

顺境不骄，逆境不慌

[将困难当成一块垫脚石]

曾有这样一句话："困难，对于意志薄弱者来说，是块绊脚石，使他从此消沉；对于意志坚强者来说，是块垫脚石，使他站得高，看得更远。"

处在人生低谷时，女人不得不承受来自各方面的压力，生活上、精神上甚至人格尊严上，而我们唯一能做的，也许只有默默地承受，然后告诫自己，一切都可以从头再来。

其实没有什么可以阻挡你前行的路，关键看你是否具备一个正常的心态和坚强的意志。

著名太平洋制冷有限公司的老总张锦丽，她的成功就是依靠坚持而获得的。

10年前，张锦丽只不过是一个下岗女工，从塑料厂下岗后，她曾卖过服装、卖过鞋、窗帘。但她始终都有一颗不甘落魄的心，因此她赤手空拳上阵，从点滴灵感开始创业。

一个人在这种情况下创业，她所遇到的困难是难以想象的。张锦丽开始做前期准备工作时缺少资金，当时家中仅有几万元，根本就是杯水车薪。从亲戚朋友那里筹备了几万元，加起来也不过10万元。为了事业，张锦丽破釜沉舟，到银行贷款，最后才解决了当时的资金问题。而她在锦华街还租了50多平方米的房子，作为自己的"根据地"。

在当时的北方，空调还是新鲜事物，刚开始不太好做，但张锦丽没有因为这些而放弃，她通过各种渠道，第二年4月份在南京、无锡等地进了第一批空调。6月份，货到了锦州。她还没来得及大刀阔斧地干，7月份的大雨就浇灭了她所有希望。货没卖几台，天气就变凉了，更祸不单行的是，空调又开始大降价。这一系列打击，让张锦丽几乎把老本赔了进去，因为这给她的打击太大了，当时她甚至想到放弃，但是在她心里，她还是不服输，硬是咬着牙坚持了下来，"我就不信自己干不成！"而那个时候与她同期开的空调店几乎都关门了。

当时因为店面小，再加上一时没有资金，所以所有职务只有她一人担任，身兼出纳、推销、售后服务、销售多项工作的张锦丽，更加卖力地工作。1996年，家庭的变故又给她带来意想不到的打击，但张锦丽并没有因为这些事情而倒下，与之相反的是，她更努力地工作了，她想以此来忘记痛苦。于是便每天披星戴月地忙着，以此来忘记痛苦。

有志者终能成大事，工夫不负有心人。经过10年坚持不懈地努力，张锦丽的太平洋制冷最终发展成为一个拥有13家分店、辽西地区最大规模的空调专营店。

张锦丽能够取得骄人的成绩，与她的努力和坚持不懈是分不开的。

只要用积极的心态来面对困难，在困难之中寻找机遇，困难就会给你带来意想不到的收获。人生的低谷是锻炼意志的摇篮，意志的锻炼需要艰苦的环境，而艰苦的环境不仅能让人在低谷之中得到反省，还能锻炼人的意志。

在面对失败时，不同的人会有不同的表现。面对失败，逃避者只能被淘汰，恐惧者只能更懦弱；只有正视者，才能在失败之中重见成功的曙光！

[挺起胸膛，同命运抗争]

许多处于生命低谷的人，只是一味地抱怨、懊丧，终日被泪水和无奈的情绪所淹没。其实仔细想来，如此徒增苦痛，正如投井下石，只会使自己坠落得更快、更深、更惨罢了。何不超脱一些，转换思路，挺起胸膛，同命运抗争呢？有名山必有大川，有深谷必有险峰。

全美最有名气的滑雪运动员吉尔•金蒙特在18岁时就已经出名了，她的照片被登上《体育画报》杂志的封面。她当时的生活目标就是获得奥运金牌。但是，一场悲剧使她的美好愿望变成了泡影。1955年1月，在奥运会预选赛最后一轮比赛中，金蒙特沿着大雪覆盖的罗斯特利山坡开始下滑，由于当天的雪道特别滑，刚过几秒钟，她的身子一歪就失去了控制，她竭力挣扎着想摆正姿势，可是接连不断的筋斗还是无情地把她推下了山坡。当她终于停下来的时候，已经昏迷不醒。人们立即把她送往医院抢救，虽然保住了性命，但她双肩以下的身体却永久性瘫痪了。

对她来说，瘫痪无疑是一个致命的打击，就这样，她获得奥运金牌的理想彻底破灭了，但她面对困厄的斗志却没有被磨灭。几年内，她整日和医院、手术室、理疗室和轮椅打交道，病情时好时坏，但她从未放弃过对生活的不断追求：从事一项有益于公众的事业，完成未遂的理想。

随后的日子里，她克服了种种困难，她学会了写字、打字、操纵轮椅、用特制汤匙进食。并在加州大学洛杉矶分校选听了几门课程，希望今后能当一名教师。当她向教育学院提出申请，系主任、学校顾问和保健医生都认为这是天方夜谭，因为她无法上下楼梯走到教室。但是，她并没有因此而放弃。终于，在1963年时，她被华盛顿大学教育学院聘用。由于教学有方，很快受到学生们的尊敬和爱戴。因为她有自己的信念，所以没有向命运屈服，她最终成功了。

后来，因为父亲的去世，全家人在不得已的情况下，搬到曾拒绝她当教师的加利福尼亚州。金蒙特决定向洛杉矶地区的90个教学区逐一申请。在申请到第18所学校时，已有3所学校表示愿意聘用她。为了便于她轮椅通行，学校特意对她要经过的一些坡道进行了改造。除此之外，学校还破除教师一定要站着授课的规定。

她一直坚持着自己的理想，很多年过去了，金蒙特从未得过奥运金牌，但她却得到了另一块金牌——为了表彰她的教学成绩而授予她的奖章。

在人生的旅途中，轨迹并不是预定的，但无论处于高峰还是低谷，坚强的信念永远都是一股巨大的动力，它可以推动你去做别人认为不可能做到的事情，还可以让你在困难重重的道路中取得成功。

什么路都可以选择，但唯独不能选择"放弃"这条路。调整好心态，无论遇到何种困境，都不要过多地抱怨，不要由于困难而止步不前，坚持向前的信念，成功最终还是属于自己的！

在人生旅途中，厄运可以摆脱，幸运也可以失去。关键在于你要把自己的命运掌握在自己手中，做命运的主人。当你身处顺境时，切记不要骄傲，不要忽视顺境的不利条件。一时的幸运不是一生的幸运，应当充分利用有利时机继续创造更美好的生活；当你身处逆境时，不要惊慌失措，垂头丧气。首先要在思想上做好应付逆境的准备，在心理上求得平衡，与命运之神作战。与此同时，还要建立战胜厄运的勇气，这样才能获得战胜厄运的力量，真正掌控自己的命运！

忌妒是一种极不健康的心理状态，做人万万莫怀忌妒心。女人在很多时候，自以为聪明了，自以为成熟了，自以为淡定了，但总是在不经意的时候，被别人的生活骚扰得发痴、发傻、发疯。女人忌妒的通病会不定期发作，像那个容不得白雪公主比自己漂亮的皇后一样，小丑般地颠覆着自己的形象。

善妒之人难幸福

[都是忌妒惹的祸]

女人见了漂亮的女人，内心一般都会产生妒忌。可是，相貌差的女人和漂亮的女人见了漂亮女人的反应却是不相同的。相貌差的女人，会因自卑而产生妒忌；漂亮的女人，会因妒忌而产生自卑。虽然两者有所不同，但都与妒忌有关。

一个爱忌妒的女人面对任何一个女人，都会在心里寻找对方的毛病。如果别的女人是双眼皮，那么，她就会找出别人哪怕半点或是一闪而过的不自然，来证明别人的双眼皮是真是假；如果别人的胸比她的大，她就会说别人的胸是假的，万一真是假的，她的内心就会有一种战胜的快感。

一言以蔽之，这都是女人的妒忌心理在作怪，妒忌别人比自己漂亮，比自己有气质，比自己有魅力。所以，才会诋毁别人，给别人的美丽打上折扣，来平衡自己的妒忌心。

在婚姻方面，女人总希望自己的家庭生活能够幸福，总希望自己的老公是最温柔、体贴、最爱自己的好男人。所以，当她看到朋友的老公对朋友更温柔体贴、关怀备至，还给朋友买漂亮的衣服和礼物时，女人的心里会很不是滋味儿，会时不时地对朋友抛下几句冷冷的话语："你是前辈子修的福吧，这辈子命这么好，老公把你当个宝，我哪有这样的福气。"言语的表面上是在夸赞朋友，实际上是在挖苦朋友，因为女人觉得心里不平衡。其实这都是女人的妒忌心在使然。

工作方面，女人总希望自己的工作是最好的，总希望自己在工作中的表现是最出色的。当别的女人被升职加薪而她还在原地踏步时，她就喜欢和同事讨论别的女人是怎样爬上去的，是靠关系还是靠美色，否则是凭什么升职加薪，这也是女人的妒忌心在作祟。

物质方面，女人总希望自己是最有钱的，这样才有在亲戚朋友面前炫耀的资本。如果她没有钱，她会希望她的亲戚朋友比自己更穷。当她看到朋友家的房子装修得比她家豪华，空调比她家的高档，冰箱比她家的大时，爱忌妒的女人心里通常会感到难以容忍。会时不时对朋友说："你家是有钱哦，会过日子，有个会赚钱的老公，一定还有公婆留下的不少财产吧？不像我们穷人家，老公又不会赚钱，我们几个人也赚不过你老公一个。"这些话一旦说出来，会让朋友听着很不舒服，这还是女人的忌妒心在作怪。

女人的忌妒造成的结果是：朋友越来越少，同事离她越来越远，老公对她越来越烦。女人活得很累，一切都是妒忌心惹的祸！

[远离忌妒，你才会得到幸福]

很多时候，妒忌心不仅与利益相关，还与个人的涵养有关。站在同性的面前，女人就有争夺利益的可能和机会。妒忌心最有可能派得上用场。女人最注意的就是容貌、气质和魅力。也正是因为如此，妒忌心往往产生在这些方面。如果有男人介入其中，就很容易激发女人心底里的妒忌欲望！女人在认为自己的魅力可以影响他人的时候，一旦事与愿违，女人便会暗自幽怨且内心不安，这些不安中蕴藏着无穷的能力，那就是妒忌。

忌妒是很多女人易犯的毛病。如果老公或男友带她去见一个女同学或同事，一见面她就会非常注意人家的细节，比如人家穿的衣服，气质，教育等等，还会不自主地拿自己与人家做比较，如果人家比她强，心里就会酸溜溜的。如果老公再多跟人家说几句话，如果那个女孩至今还是单身，如果……女人的想象力可是惊人的，不，应该说是可怕的！

在电视剧里有这么一段剧情：有个漂亮的女人因为对丈夫忙于公务忽视家庭不满而提出离婚，最后在她的百般刁难下，终于与丈夫顺利离婚。按常理说，她应当很开心，然而不可思议的是，当这个女人看到前任丈夫有了新的女朋友，她心里就会有一种说不出的别扭，还不时地给人家搞点小破坏……

故事中女人的行为看起来让人不可理喻，然而在现实生活中，这样的女人还真不少。

生活中，小心眼的女人其实并不坏，她们往往是因为爱，因为重视，因为珍惜，才会如此极端。有时候她们明明知道自己做的事情不对，但好像得了"强迫症"一样不由自主地去计较和揣测。其实仔细想一想，当女人这么做的时候，会让人觉得和她在一起很累，对男人是一种不公平，一种精神上的虐待。关键是对女人没有任何好处，在精神上女人会感到孤独，感到烦恼，她们开始不相信任何人，慢慢疏远自己爱的人，结果往往会越来越糟糕。

善于妒忌的人，其自我价值感是很脆弱的，一旦发现别人在某些方面超过自己，她的自我价值感就会受到威胁。因此，如果你是个容易妒忌的女人，一定要多一些自我肯定。其实人与人之间并没有高低之分，只是各有各的优点而已。当你再次陷入妒忌时，要及时察觉并提醒自己：即使别人在这方面更优秀，更受关注，自己也要有足够好的涵养。

我们每个人的生活面貌都是由自己塑造而成的，如果我们能学会接受自己，看清自己的长处，明白自己的短处，便能踏稳脚步，达到目标，也就不至于浪费许多时间精力。发现自我，秉持本色，这是一个人平安快乐的要诀。

发现自我，秉持本色

[你无须事事效仿他人]

"梅须逊雪三分白，雪却输梅一段香。"梅花有它的情韵，白雪有它的风采。杨柳之婀娜、翠竹之秀丽、兰草之清幽、青松之壮美，任何事物都在大自然中展示着自己的个性，"鹰击长空，鱼翔浅底，万类霜天竞自由。"万物各有自己的锋芒。

我们每一个人都是独一无二的生命个体，是不可重复的。有时，我们之所以觉得自己很累，很不快乐，在很大程度上是因为想让自己成为别人，觉得做那种人才风光无限。殊不知，各人有各人的风景，各人有各人的生活，谁也成为不了谁，你就是你自己。

春秋时期，越国有一位名叫西施的美女，她有沉鱼落雁之容，闭月羞花之貌，平时所做的每一个动作都是非常美的。因此，时常有一些姑娘会模仿她，包括她的衣着、装束；有些女人还会有意无意地模仿她的行为举止。有一天西施患病，心口非常痛。她出去洗衣服时，皱着眉头，用一只手捂着胸口，走在路上虽然非常难受，但在他人看来，生病的西施却有另一番风姿。西施有一邻居叫东施，她长得很丑，见西施人长得美，别人时常效仿西施的衣着、举止。她就常常暗地里观察，看看西施到底与别人有什么不同之处。西施生病这一天，她看到西施用手捂着胸口，皱着眉头的样子后，她依然觉得西施非常漂亮，于是她就跟着学起这副模样。她本来容貌就丑，又皱起了眉头，本来形体就含胸弓背，却又捂住了胸，弄得更加丑陋不堪，后人就把这个典故说成是"东施效颦"。

这个典故中蕴含着很深的哲理。不要想着刻意模仿别人，每个人都是独一无二的，做好自己才是最棒的！

超级名模萨莎还未出道时，有人向她问道："你最想成为谁？谁是你的偶像？"她就十分笃定地回答道："我从来没有偶像，至少现在没有。我了解我自己，我就做我自己。"正是由于她的这一肯定回答，才注定她的成就所在。

伟大的喜剧演员卓别林，在刚开始踏入影视圈时，导演坚持让他向当时非常有名的一位德国喜剧演员学习，可是卓别林却不为所动，潜心创造出属于自己的表演方式，终于成为喜剧大师。

在这个世界上，每个人都是独一无二的，你就是你，你无须按照别人的眼光和标准来评判甚至约束自己，你无须总是效仿别人，保持自我的本色，做一个真正的自我，这是最重要的。

[保持自己生命的本色]

每个人都有自己的本色，保持本色并不是鼓励抱残守缺，不思进取，而是善于发现自己的长处，保持自己的独特性，不在亦步亦趋地模仿别人的过程中迷失自己。每一位成功者，不外乎就是保持自己的本色，并把它发挥得淋漓尽致。

伊笛丝·阿雷德太太小的时候腼腆且敏感，她的身材一直很胖，而她的一张脸使她看起来比实际还胖得多。伊笛丝的母亲非常古板，她认为把衣服弄得漂亮是一件很愚蠢的事情。她总是对伊笛丝说："宽衣好穿，窄衣易破。"而母亲给她做衣服时，也总是照着这句话去做。慢慢地，伊笛丝觉得自己和其他的人都"不一样"，甚至讨人厌。她非常害羞，从来不和其他的孩子一起做室外活动，甚至不上体育课。

长大以后，伊笛丝嫁给了一个比她大好几岁的男人，她丈夫一家人都很好，个个充满着自信，可是这并没有使她的性格有所改变。伊笛丝尽最大的努力要像他们一样，可是无论怎样，她都做不到。他们为了使伊笛丝开朗而做的每一件事情，都只是令她更退缩到她的壳里。这使伊笛丝变得紧张不安，她躲开所有的朋友，有时候甚至怕听到门铃响。伊笛丝明白自己很失败，但她又怕自己的丈夫会发现这一点，所以每次她和丈夫出现在公共场合的时候，都会假装很开心，结果往往做得很过分。事后，伊笛丝会为之难过好几天。这一切都让她很不开心，慢慢地，她觉得活下去也没有什么道理，竟然动了自杀的念头。

最后究竟是什么让这个不快乐女人的生活改变了呢？只是一句随口说出的话。那句话改变了伊笛丝的整个生活，使她完全变了一个人。

有一次，她的婆婆谈自己怎样教养她的几个孩子，她说："不管事情怎么样，我总会要求他们保持本色。"

"保持本色！"就是这句话！在一刹那间，伊笛丝发现自己之所以那么苦恼，原因就是因为她一直努力让自己适应一个完全不适合自己的生活模式。伊笛丝说："在一夜之间我整个人全部变了。我开始保持本色。我试着分析自己的个性，自己的优点，尽我所能去学色彩和服饰知识，尽量以适合我的方式去穿衣服。主动去交更多的朋友，我参加了一个社团组织，起先是一个很小的社团，他们允许我参加活动，把我吓坏了。可是我每一次发言，就增加了一点勇气。今天我所有的快乐，是我以前从来没有想到可能会得到的。在教养自己的孩子时，我总是把自己从痛苦的经验中所学到的结果教给他们：'不管事情怎么样，一定要保持自己本色。'"

若要活得开心，就要保持自己的本色。你只能画你自己的画，唱你自己的歌，你只能做一个由你的经验、你的环境和你的家庭所造成的你，且不论好坏，你都得勇敢地做你自己。

走自己的路，让别人去说吧！用自己的能力打造自我，用自己的行动感化他人，用自己始终不渝的信念去照亮辉煌的人生。

做人最主要的就是做好自己。做好自己，不是每一个人口头上一句话就能做到的，而是要用一生来践约；做好自己，不怨那些自己感到委屈的人和事；做好自己，不恨那些伤害自己的是是非非；做好自己，不想那些不属于自己的一切；做好自己，不抛弃不放弃的理念不可丢；做好自己，不浮躁不奢侈不张扬不幻想；做好自己，不攀比不羡慕不自卑不懒惰。

好心态的女人好命一辈子，凡事要多往好处想。正面思考有利于形成乐观、开朗的性格；正面思考会为我们带来慈悲的胸怀；正面思考会为我们带来重新站起来的力量；正面思考会为我们带来无限的希望。

正面思考益处多

[正面思考的积极效果]

积极的思考有效吗？当然有效！只要你愿意去耕耘培植它，积极思考便能发挥奇效。乐观、热情、信念、勇气、信心、决心、耐心……当这一抹抹积极思考的阳光照进心灵时，将会唤醒人们与生俱来的积极思考的品质，从而产生令人叹为观止的力量。

有两个水桶一同被吊在井口上，其中一个水桶因为"才重新装满，随即又空着下来"而闷闷不乐，另一个水桶却乐观地认为"我们空空地来，装得满满地回去"。

乐观的人在每一个忧患中看到机会，悲观的人在每一个机会中看到忧患。很多事情你站的角度不同，便会有不同的看法，与其自怨自艾，倒不如换个角度，转变一下心情。

塞尔玛陪伴丈夫住在一个沙漠的陆军基地里，天气热得令人受不了。她没有人可以谈天——那儿只有墨西哥和印第安人，而他们不会说英语。她非常难过，于是写信给父母，说要抛开一切回家去。父母在回信中，只有简短的两行字体，然而这两行信却永远留在了她的心中，完全改变了她的生活：

"两个人从牢中的铁窗望出去，一个看到泥土，一个却看到了星星。"

塞尔玛一再读这封信，觉得非常惭愧。她决定要留下来，要在沙漠中找到星星。

塞尔玛开始和当地人交朋友，他们的反应使她非常惊奇。她对他们的纺机、陶器表示兴趣，纺织品和陶器是他们最喜欢的，但他们不舍得卖给观光客人，于是就作为礼物送给塞尔玛。塞尔玛研究那些让人入迷的仙人掌和各种沙漠植物，还学习有关土拨鼠的知识。她观看了沙漠日落，还寻找过海螺壳，这些海螺壳是几万年前的沙漠还是海洋留下来的……就这样，原来难以忍受的环境变成了令人兴奋、流连忘返的奇景。

沙漠没有改变，印第安人也没有改变，是什么使塞尔玛的内心发生了转变？是塞尔玛的心态改变了。一念之差，使她把原先认为恶劣的情况变为一生中最有意义的冒险。她为发现了新世界而兴奋不已，并为此特地写了一本书——《快乐的城堡》。她从自己建造的牢房里望出去，终于看到了星星。

学会正面思考，从容地面对困境。多些正面思考，你的人生就多了一些自信，对人对事也就多了一份大度和宽容，这应该是一种成熟的表现；一个人经常生活在负面思考中，世界观就会慢慢畸变，就会变得计较。正面思考，总是能给我们一些力量，总能让我们振奋。尤其是在我们面对挫折的时候，依然能进行正面思考的人，才是最后能成功的。

正面的思想带来积极的效果，负面的思想带来消极的效果。如果能够学会在面对任何挑战时，都能以积极正面的想法去思考与解决，那么人生将更加从容与平静，也更容易让自我达成未来设定的目标与方向！

[选择一刹那，影响一辈子]

选择只需一刹那，影响却是一辈子。悲观者，只看到机会后面的问题；乐观者，却看到问题后面的机会。过去的一切决定了现在，现在的一切决定着未来，为了希望和成功，朋友，请凡事从正面思考，那么，事事就会变得非常美好！

梅林是一家电脑公司的总经理，她的心情一般都不会太糟。快乐是她生活的主旋律。当有人问她近况如何时，她总是回答："我快乐无比。"

如果哪位员工心情不好，她就会告诉对方要乐观对待生活，要去看事物的正面。她说："每天早上，我一醒来就对自己说，梅林，你今天有两种选择，你可以选择心情愉快，也可以选择心情不好，我选择心情愉快。如果有坏事情发生，我可以选择成为一个受害者，也可以选择从中学些东西，我选择后者。人生就是选择，而选择权在自己手里。归根结底，你自己选择如何面对人生。"

有一天，三个持枪的歹徒拦住了梅林。尽管歹徒抢走了梅林身上一切值钱的东西，但他们还是没有放过她，残忍地朝她开了枪。幸运的是刚好有人路过，及时地发现了梅林并把她送进了急诊室。经过几个小时的紧急抢救和两个多月的精心治疗，梅林出院了，她的身体恢复得还不错，除了身上留下几块伤疤外，没有留下任何后遗症。

几个月后，一位朋友见到了她，问她近况如何，她说："我快乐无比，想不想看看我的伤疤？"朋友看到她的伤疤很难过，问她当时是怎么想的。梅林说："当我躺在地上时，我对自己说有两个选择：一是死，一是活，我选择了活。医护人员都很好，他们告诉我，我会好的。但在他们把我推进急诊室后，还有点儿清醒的我便从他们的眼中读到了'她是个死人'，我知道我需要采取一些行动……"

凡事学会正面思考。正面思考，你就不会怨天尤人；正面思考，你就不会心情郁闷；正面思考，你就不会一蹶不振；正面思考，你就不会苦无出路。

幸福到底从哪里来？我们的人生又如何才能获得更多的幸福？先从正面思考做起吧。凡事多往好处想，就能乐观地对待挫折和压力，生活本来就是这样：有挫折、有艰辛、有苦恼、有困惑，我们必定遭受挫折，但好心态让我们平静，让我们豁达，让我们自信；凡事多往好处想，就能宽容地对待人，对他人的批评与指责，有则改之，无则加勉；凡事多往好处想，就能理智地对待自己，一份自信，一份清纯，一份热情；凡事多往好处想，就能成为一个善解人意的人，一个宽厚豁达的人，一个自信快乐的人，一个爱护自己、懂得尊重别人的人；凡事多往好处想，就能以镇定从容的心情享受生活。

心态改变你的人生，好的心态是你成功的资本。所有的女人都渴望成为幸福的女人，那么，就从现在开始，对生活保持积极乐观的态度吧。这种态度，会反过来激发别人的积极性，别人也就乐于与你交往甚至帮助你。毫无疑问，这会给你的成功增添机会。

工作是
幸福生活的
润滑剂

———•———

②

　　工作是女人联系社会的纽带，是幸福生活的润滑剂。工作本身或许不是幸福，但却是我们通向幸福的一种方式。有些人说，女人不用费尽心思地找一个好工作，嫁个好男人什么事情都可以解决！但是这样的话，在女人的耳朵里却不中听。感情能给人带来慰藉，但工作却是生活的保障，使你不至于与社会脱节。

也许女人的身边应该有个男人陪伴，但是，女人千万不要让男人成为你的依靠。女人要靠自己的双手，撑起一片天空，让自己在钢筋水泥的都市中怒放如花，自由飞翔。

为活出精彩的自己而努力

[自己动手，丰衣足食]

懂得适当依赖他人的女人是可爱的，是容易令人疼惜的，但女人千万不能让这种依赖成为习惯，因为人在依赖中容易失去自我。一个真正聪明的女人，她绝不会在爱情中寻找依赖，她懂得靠自己的双手赢得魅力，所以，这种独立的女人是快乐的。

而如果女人没有独立的人格，在与男人的较量中就会失去制胜的法宝。

小凌和男友李哲读的是同一所大学、同一个专业。李哲很勤奋，学习成绩也没得说，而且很勤俭，他每到寒暑假都去打工，嘴上说是积累工作经验，其实是为她攒钱买礼物。小凌那时候总是向朋友炫耀，说自己找对了人，认为男友是可以托付终身的人，以后自己也可以依赖他，所以小凌对自己开始放松了，学习也不努力了，不好好上课，只知道天天泡网吧。不过他们从小青梅竹马，李哲也早就习惯了这样的生活，而且，小凌也算一个温柔的女孩子。所以日子过得倒还算幸福。

转眼4年时间过去了，一毕业他们就步入了婚姻的殿堂。接下来，李哲很轻松就找到了工作，由于以前寒暑假工作很用心，所以在现在的工作上是游刃有余。可是小凌迟迟找不到合适的工作。李哲看她这么辛苦，就说："慢慢来，不行就先在家里做个家庭主妇。"小凌开始还为这个"职位"闷闷不乐，渐渐地却也习惯了。可是到后来她变得越来越懒，也越来越拜金。身材开始走样，更没有心思出去找工作。李哲的事业蒸蒸日上，可是有什么场合却也不愿意带上小凌。两人之间的隔阂越来越深，后来伴随的就是更多的争吵。有一次，李哲终于咆哮了："你一点进取之心都没有，没有想过找工作，更没有想过创业。你看看你……你就是一个寄生虫！"

现实告诉我们，过分依赖会让女人失去智慧和激情，这样的女人不可能抓住男人的心，也不可能拥有幸福的生活，不免沦为故事中女主人公一样的结局。

每个女人都有一种依赖心理，都希望自己的丈夫对自己呵护有加，但女人千万不能在爱人的呵护中失去自我，明明幸福就要远去了，还以为自己抓住了幸福。真正懂得把握幸福的女人，她不会依赖自己的丈夫，她会像舒婷写的那首诗一样：不像凌霄花一样凭借爱人的高枝炫耀自己，只愿做爱人近旁的一株木棉，与他共担风雨，祸福与共。

女人，不能只想着依靠男人，因为只有自己动手，才能丰衣又足食。

[女人都要为自己争取一份工作]

从古至今，"男尊女卑"的理念一直在传统社会习俗中占据着牢固的地位，女人在家庭中没有地位，更谈不上有社会地位，而女人的工作就是相夫教子。社会、男人给女人定位就是这样的，女人就要按照这样的轨迹运行。这样的理念影响了许多人。

随着社会的发展以及知识的普及，女人的地位也发生了转变。加之女人在很多领域做出了杰出成绩，女人在家庭及社会中也越发重要，但男主外、女主内的观念还是影响着一代又一代人。男人赚钱养家仍然是理所应当，而女人如果在职场中处于较高的位置，就会被人冠上"女强人"这个有些贬义意味的头衔，这都是社会或者说根深蒂固的传统观念赋予女人的。

我们虽然不提倡女人做所谓的女强人，但更不提倡女人依赖男人，女人必须要有自己的工作，要有自己为之奋斗的目标，因为没有了目标就等于没有了思想，一个没有思想，或者说思想落后的女人，怎么维持幸福的家庭呢？

不论在什么时候，女人都要为自己争取一份工作，虽然不需要可观的财富数字，但至少你可以与日俱进，对外面的精彩世界了解得更透彻。

一位学者曾这样说："工作不仅是谋生的手段，也是享受生活的一种载体。"一个人对工作的态度，很容易折射出一个人的生活态度和思想境界，一位对工作认真负责、表现优异的女性不仅会在工作单位得到领导和同事的赏识与尊重，同样在家庭中也会受到家人的欣赏。

工作能带给女人巨大的收获，总结起来有以下四点。

1. 女人因为工作经济得以独立

这是女人进入职场的初衷，这不仅为她们的家庭生活减轻了经济负担，同时女人因为经济独立进而实现了人格独立、感情独立。因此，女人可以不用依靠外界的任何支援，不必受任何制约，全心做自己想做的事。一个在经济上独立的女人，才会使自己的心灵获得更多的安宁。

2. 女人因为工作变得更有内涵

为了能够更好地胜任工作，女人通常要不断学习新知识、新技能，开阔视野。在这个过程中，女人也在承载各方面的压力，协调解决工作中的各种问题。因此，在长期的学习工作中，女人身上的潜能逐渐发挥出来，头脑变得更加聪慧，性格变得更加坚强，鉴赏水平、审美能力、个人品味也都提升不少，变成一个新时代富有内涵的女性。

3. 女人因为工作拥有了更广的交际圈

现代社会中，由于工作需要，职场女性通常要和领导、同事沟通交流，这就给女人营造了更宽广的交际圈。在交往过程中，人们进行交流，形成情趣相近的交往圈，彼此分享快乐、分担忧愁，学人之长、补己之短，这样会使女人的心灵得以舒缓，心理变得更加健康，生活变得更加充实。

4. 女人因为工作变得更加时尚

工作不仅能使女人提升内在美，在内在美的促进下，女人的外在美也会更多地展现在人们眼前。女人工作时也在逐渐接触社会，这个过程能使女人更准确地把握时代脉搏，与时俱进，也使女人多了几分时尚的气息。

不可置疑，工作能带给女人非常多的好处，因为工作不仅让女人学会独立，学会坚强，更重要的是，工作让女人充满智慧与娇媚，工作让女人变得更加美丽。

女人们，快行动起来吧，为活出精彩的自己而努力！未结婚的女人一定要趁着自己有着充沛的精力，多学些知识，多参加社会实践活动，在工作中要加倍努力，不断积累丰富的人生经验，为自己今后成功的人生奠定基础。有家、有孩子的女人，一定要事业、家庭、孩子兼顾，陪孩子读书、陪孩子游戏，分享孩子纯真的快乐，能享受到人生极大的乐趣。如果一个女人事业有成，孩子争气，家庭美满幸福，那么这个女人就是天底下最幸福的女人。

如今，在职场上，性别已经退到了相对次要的位置，决定你身份、职业、工薪的是你的实力。没有人因为Susan是"娇娇女"，会使用"泪弹"，就对她降低要求，对她大开方便之门。对于职场女性而言，遇到困难不应怯懦退缩，而应以诚实、热忱、责任心去解决问题。因为一切都要靠实力说话，女人靠实力赢得世界！

靠实力站稳职场

[知识是女人最好的实力]

在竞争激烈的社会，女人靠什么立足于这个日新月异的时代？是美貌，是家世，还是交际手腕？不可否认，这些都是女人的资本，但可惜的是，它们的"保鲜期"非常短。女人的幸福资本应该是知识。

随着社会的逐步发展，知识的重要性已不言而喻，特别是在知识经济时代，知识不仅是力量，而且是最核心的力量，是终极力量。可以说，知识不仅创造财富，知识本身就是一种宝贵的财富。

女人如果没有知识，犹如白天没有太阳，黑夜没有月亮。人与人之间最根本的差别不是外在形象，而是大脑以及里面存储的知识、性格和思想。

知识可以让女人不受传统思想的束缚，是实现梦想的动力源泉。不要理什么"女子无才便是德"的鬼话，现在早已不合时宜。女人需要不断地补充知识才能变成智慧女人。知识是女人最好的补药，它不仅能让女人光芒四射，魅力常在，还能教会女人自强不息。这一点是多么可贵！

大脑中存储了知识，女人就能够在知识的装备下挖掘自己的潜能，充分开发出自己的资质。所以，女人学会用知识武装自己，才能在职场中得心应手，也就能干出一番轰轰烈烈的事业来，并以此改变自己的命运。

生活中，靠知识取得成功的例子不胜枚举。

杨澜于1968年在北京出生，1990年毕业于北京外国语学院，获得英美语言文学学士学位。上学时，杨澜的考试成绩每次都十分优异。在中央电视台的招考中，她一举挫败1000名竞争对手，成为中央电视台《正大综艺》栏目当红主持人。1994年荣获全国主持人金话筒奖。在杨澜主持人生涯达到巅峰状态时，她选择了去美国哥伦比亚大学读书，并取得硕士学位。杨澜常说，是知识改变了她一生的命运。

杨澜用知识不断地提升了自己的魅力，并打造精彩的人生。女人，想要在社会中占有一席之地，想要做自己的主人，就一定要掌握丰富的知识，有学识的女人才能增长智慧，有智慧的女人就可以改变自己的命运。善行者究其事，善学者究其理，用知识武装自己，是女人最明智的选择。

［一生充电，一生增值］

古人云："腹有诗书气自华。"时代的发展呼唤富有知识和智慧的女性。作为女人，为了让自己不被时代的车轮碾碎，必须要把自己当做"蓄电池"，要不断为自己充电。只有不断地学习，不断充电，才能变得睿智又从容。每完成一次充电，你就会站在更高的台阶，望得更远。

具体来说，女人需要做到以下几点。

1. 找好"充电"的切入口

不管你是在职场上打拼多年的职场女性，还是一个职场新人，你要做的，就是找好充电切入口：一是职业所需极其实用的东西，二是本职工作能力的培养。这两点可以作为你学习的突破口。

2. 充电是为了更好地敬业

找一份适合自己的工作不容易，能有一片自己的发展空间更难，如果因为继续深造耽误了目前的工作，就与敬业精神背道而驰，那么就不会有相应的业绩；没有业绩，又怎么保证未来的发展呢？所以说，充电和敬业不该有任何冲突，充电是为了更好地敬业。这是职场女性应警醒的一点。

3. 做个生活中的有心人，发现身边值得学习的东西

充电不代表你要脱离现在的工作，更不代表脱产走回学校。要学会随用随学，做有心人，留心身边的人和事，随时发现生活中有趣的现象，并注意总结别人成功的经验，拿来为自己所用，这种方法会使你进步得更快。

4. 学会坚持

学习犹如逆水行舟，不进则退。要使职场之路走得更顺，不但需要你精心规划，而且需要坚持不懈。学习亦如此。有了正确的方向，更需要持之以恒坚持下去，这样才能真正提升自己的能力，加速自己的发展。

[避免走入充电误区]

现在的职场女性对"活到老，学到老"有着深刻的领会，可是在学习过程中有人不免走入误区，有些人学习是为了加薪，有些人是为了升职，有些人则是为了不至于沦入被裁的危险等。其实，这些人的学习目的并不明确，从而也就很难达到预期的目标。

1. 填鸭型

所谓填鸭型，就是拼命地充电、学习，不管自己是否可以消化，也不管学习的东西对自己是否有用，说到底就是没有目的性的学，为了学而学。这是不正确的学习方法。

2. 盲目跟风型

有些职场女性看到身边的同事工作之余上个培训班学习知识，就感觉自己也要学点什么，就跟着去报名，却从不仔细考虑自己真正的需要，欠深思熟虑。

3. 危机四伏型

企业的风波总是一浪接一浪，裁员的危机总是不断，公司的员工都人心惶惶，害怕自己变成公司的下一个目标。于是有些职场女性开始利用业余时间充电。这本是一件好事，可有些人根本不考虑自身的实际情况，认为把目标定得越高越好，认为这样才会减少危机感。其实，这样会让你在学东西时感到很累，而且也不可能真正学好。

综上所述，大家能够看出，目前职场女性充电是必要的，可是在充电之前，应该认真做个计划，做到目的明确，学以致用。

学习就像往存折上存钱，存得越多就越无后顾之忧。女人要通过不断地学习知识，来提高自身的价值。努力学习新知识可以丰富女人的内涵。华丽衣裳装扮不出一个女人内在的美，布衣也掩盖不住一个人的精神风采。这就是知识的魅力，它来源于精神世界的充实、丰富，是光鲜的外表所无法替代的。

诗人歌德曾说过这么一句话："你的梦想是什么？如果想到了，请你立刻开始去追求，这样，你一定会在追求的过程中得到力量、看见奇迹。"他是在告诉人们，要做自己喜欢的工作，这样才有价值，也才能从工作中获得成就感。

每一份工作都有它的魅力

[喜欢是最大的动力]

对于女人来说，做自己喜欢做的工作是令人兴奋的，也更容易激发自己的想象力和创造力。热爱工作的女人，每天早上醒来都会对新的一天充满信心和激情，并且会把自己的热情传递给周围的每个朋友。

然而，在当今社会上，有许多人并不尊重自己的工作，她们认为工作只是为了挣钱，是不得已而为之。如果一个人一直做自己不喜欢的工作，而且总是抱着敷衍的态度，那么，这个人绝不可能从工作中享受到乐趣，也不可能得到别人的尊重。

小叶是个刚毕业不久的大学生，她说："我对现在的工作不太喜欢，可是好不容易才找到的工作又不想轻易放手，仿佛是鸡肋，食之无味，弃之可惜，在公司上班觉得一天的工作时间很漫长，工作的时候不想和同事说话，下班之后总有一种悲观的情绪，每天早上起床的时候我都会问自己今天上班去做什么，为什么要去上班？感觉生活糟糕透了！"

勉强做自己不喜欢的事，会感觉非常痛苦，心灵备受煎熬。你又何苦为难自己呢？

工作是人生中不可缺少的"营养素"，健康的生活离不开它。但想要做好一份工作，你必须先去爱它，这样的工作才能给予你最大的恩惠，使你收获更多。

事实上，做自己喜欢做的工作的首要条件就是选对工作。选不对工作就很难做到乐在其中。一个人之所以乐在工作是因为他觉得自己肩负着一个使命，通过工作他可以实现自己的理想。慢慢地，自己做的每一件事都跟理想越来越接近，效率也越来越高，从而也就更加喜欢他的工作。抱着这样的态度去工作就更有效率，就会得到更多人的肯定与支持，工作也会更有激情，由此可见，这是一个良性循环。

喜欢一件事才能做好它。然而，知易行难。生活的压力、环境的驱使，有时候使你不得不做自己并不喜欢的工作。对此我们只能说，要喜欢工作多一点，喜欢享受少一点，要有一股不做点什么就闲得难受的劲头。

当你喜欢上某样东西时，你才会用心去做，才会有激情，才会有创新，才会快乐！举例来说，如果你是做销售的，连你自己都不喜欢公司的产品，怎么能让更多的人喜欢它、购买它呢？所以说要喜欢自己的工作。如果不喜欢就要努力培养自己的兴趣，实在不行，就请放弃，不必勉强！

[热爱自己的工作是快乐的源泉]

热爱工作的女人，即使辛苦也是快乐的。一个人一生大部分时间都在工作，如果不热爱自己的工作，只把它当成谋生的手段，那么她就很难得到快乐和幸福。

年轻的玛丽•简在西雅图一家大型金融担保公司工作。在3年的工作中，她赢得了"难不倒"的美誉。对于每一件事，她都处理得十分周到，并保证以最快的速度、高品质完成。

凭着勤奋的努力以及对工作的热爱，玛丽•简晋升为本部门的领导。她每次都能认真倾听同事的建议，了解下属所关心的事情，并领导她的部门出色地完成每一项任务，因此，玛丽•简所在的部门赢得了好评，成为公司的核心团队，经常担任重要任务。

与之相反的是，公司的另一个运营部门，人数众多，业绩却不理想，与玛丽·简的团队相比相差甚远，因此始终是公司批评的焦点。为了让公司得到更好地发展，老板决定提升玛丽·简为这个部门的业务经理。几个星期后，玛丽·简慎重地接受了提升，虽然公司对她接手这个部门寄予厚望，但她却十分不情愿待在这个职位上。之后，工作的开展自然十分艰难，但是，玛丽·简迅速调整好自己的心态，把对这份工作的厌恶转变成了热爱，同时，她身上的这种积极情绪深深地影响了身边的人，在这种精神的支持和鼓舞下，玛丽所在的部门业绩逐步提升，并最终成为公司其他部门学习的典范。

　　有句话说得十分有道理："选择你所爱的，爱你所选择的。"作为一名员工，玛丽·简强迫自己爱上自己选择和接受的工作，通过自己的努力，为公司带来巨大的利益，也为自己的职业生涯增添了一道闪亮的风景。

　　其实，每个人都有可能不得不做自己不喜欢甚至讨厌的工作。即使给你一份很好的工作环境，但如果总是保持一成不变，你依然会觉得枯燥乏味。可见，一件工作有趣与否，并不取决于工作本身，而取决于你的看法。

　　每一位职场女性都应该学会热爱自己的工作，只有热爱工作才能有激情，才能有动力，才能取得好成绩，而且你对自己的工作越热爱，决心越大，工作效率也就会越高。

　　女人最不能缺乏的是热情，热情是事业成功的基础，你要想大展宏图，应该像热爱恋人一样热爱工作！

　　不可否认，并不是每个人都能热爱自己的工作，也并不是每个人都享受自己的工作，毕竟兴趣与辛苦的工作是很难联系起来的。但是，你必须积极培养对工作的兴趣，兴趣能够激发热情，能够让你沉迷到自己的工作中。事实上，只要你细心地去观察、去发现，每一项工作都有它自己的魅力，总有足够吸引你的地方。当你发觉到这一点时，你才会从工作中感到快乐，也才能把工作做得有声有色，从而在众人中脱颖而出。

现在的你工作愉快吗？是每天愁眉苦脸地面对一整天的工作，还是用积极向上的热情来看待你的工作呢？其实，每个人都可以快乐地工作！快乐工作不只是拥有有趣、创造性工作的人才能实现，它不是领导者和管理者的特权，也不仅仅局限于高收入、有权势的人，它属于每个工作者！作为一名职场女性，应学会在工作中享受快乐！

做一个快乐的工作者

[工作并快乐着]

有句话说得好："愚人向远方寻找快乐，智者则在身旁培养快乐。"我们不禁要问，什么才是快乐？快乐其实就是感到幸福或满意，那么，什么是幸福呢？就是生活境遇顺心如意。这样看来，其实一切都变得很简单，只要你对自己的人生满意，就拥有了快乐。人的一生都离不开工作，甚至可以说工作占据了我们生活的大部分时间，如果一个人在工作中感受不到快乐，那么就等于活在了痛苦中。所以，每个职场女性都要学会在工作中寻找并享受快乐。

佛家有云："既然生活不是痛苦的，就是快乐的，我们何不选择快乐呢？"把工作看成一件非常有意义的事，在工作中自我满足，那么每个人都能爱上自己的工作，这样才能全身心地投入到其中，从而也就从工作中得到的快乐。不管做任何事，保持好心态是十分重要的，快乐工作是自己以一种快乐的心态去工作，把工作快乐化，使自己每天以崭新的目光、积极的心态去对待得之不易的工作。

公司有一次做活动，领导任命平日工作能力较弱、办事总让人操心的女孩晓琳负责其中一个项目。事后，她对同事说，她当时接到任务非常兴奋，把平日里学的做事方法都搬了出来，她首先把要做的事件一一罗列出来，然后用时间排序法进行排序，现场的工作当然井然有序、有条有理。从此以后，她自己工作的信心也大增，并学会从中享受快乐。

"工作是快乐的，工作着的女人是美丽的。"这句话确实很有道理。

生活中，有些人把赚钱当做生活的唯一目标，这样就很难从工作中体会到乐趣。因为这样会给自己造成很大的精神压力，会使自己整日处于焦虑不安、忧心忡忡的状态中。久而久之，会对身心健康造成严重损害，使自己处于"亚健康"的状态。作为一名职场女性，千万不要年轻时用健康换取金钱，等老后又用钱买健康，这绝对是一笔亏本的买卖，因为再多的金钱也换不回失去的健康。

所以，职场女性要对自己的工作有一个正确、清楚的认识，并学会享受工作带来的快乐。如此，你的人生定能处处沐浴醉人的暖阳。

[教你如何快乐工作]

一说起工作，大多数人都会有许多压力与烦恼，那么该如何在工作中寻找到快乐的支点？下面便告诉你高效能工作的四条快乐工作原则。

快乐原则一：找到快乐方向

人们口中经常说的一句话是：方向决定未来。每个人都必须为自己定一个目标，一个能使自己快乐的目标，有了目标才能有动力，才能让每一天都生活得有意义，才能快乐。仔细想想，自己最喜欢什么，最想过什么样的生活，最擅长什么，想清楚后便立刻付诸行动，逐步实现自己的目标。

快乐原则二：挖掘快乐源泉

从工作中挖掘快乐对你来说可能并不是件容易之事，但是你可以让其变得简单，那就是调整你对待工作的态度。如果你很喜欢自己的工作，并从心底认同它，那么你会乐于付出自己的时间和精力，充分激发自己的工作热情，对工作做到全力以赴，从而也能得到领导和同事的肯定，事业也会一帆风顺。而与此同时，你的快乐源泉就会源源不断地为你输送能量，帮助你逐步打造更加快乐的职场生活。

快乐原则三：分享快乐感受

工作环境会对人们的心情产生直接影响。在被工作压力压得喘不过气的时候，你不妨先停下手头的工作，看看能否从工作伙伴那里寻得一些支持，即便是一个宽容的笑，也能使人从中感受到莫大的鼓舞。当你在工作中赢得一次小小的成功时，要记得放下身上的架子，想想身边帮助和支持过你的这些同事，把你的快乐传给周围每一个人。懂得分享和感恩的人，更容易体验到快乐。

快乐原则四：保持快乐心境

其实，一个人是否快乐，在很大程度上取决于他对待生活和工作的态度和心境。快乐只是一种感觉，正是"苦乐由心生"。因此，快乐就是同事相处和睦、一个微小但实在的成就、一声平常但真挚的问候……快乐是这些让人极易忽略的细节汇聚而成的。它犹如毛毛细雨，不论你是否撑着伞，都会飘落到你的身上，关键是看你是否用心灵的细网打捞它。保持快乐的心境，会使你乐在工作中。

有句话说得很有道理：如果把工作看成是一种乐趣，你的人生就是天堂；如果把工作看成是一种负担，你的人生就是地狱。从工作中找到了快乐感觉的人，往往更能体会到工作的意义。女人只有充满激情和渴望地面对工作，投入工作，才能获得高品质的幸福人生。从现在开始，甩开一切烦恼，做一个快乐的工作者吧！

很多女性在刚刚进入职场的时候年轻美丽、朝气蓬勃，但几年的职场打拼下来，往往感到精力不够、疲惫不堪。没完没了的工作，一直堆放在案头，压得几乎喘不过气来；这边忙得连喝水的时间都没有，那边却又传来上司的当头棒喝。整天疲于奔命，却既没升职，也没加薪，增加的是心悸、失眠、愤怒、多疑、抑郁，乃至对工作的厌倦和恐惧。在此要提醒每一位职场女性，千万不要让工作压力使你失去女人味，要学会调解并战胜压力。

学会调整职场压力

［不可小觑的工作压力］

在现代职场，工作压力已成为人们形影不离的伙伴，奢望无压一身轻的人，似乎是缘木求鱼！工作压力主要来自外部环境和人内心的一种自我希望，适度压力能让人产生挑战自我的成就感，而过度的工作压力就会引起多种不良心理，进一步引发身体疾病。

镜头一：33岁的曾莉负责媒体采编工作，虽然工作量不是特别大，但需要进行选题策划、编版，甚至整个部门的运作都要她操心。她说，上班不是每天8小时或10小时的事，而是24小时，除了睡觉外，就连吃饭时心里想的还是工作的事。"上班累，下班更累。"她常常在第二天醒来感到四肢酸痛，昏昏欲睡，可一躺到床上又睡意全无，去公司上班非乘电梯不可，爬几层楼梯都会心跳加速、两腿发软。干什么都觉得累，吃饭也不觉得香，睡觉常半夜醒，身体也消瘦了。

镜头二：静美毕业于广州某大学，现在在海口国贸的一家公司担任项目主管。对于年仅26岁的她来说，工作所取得的成绩令人羡慕不已。但是，静美却变得越来越沉默寡言。下班回家后，不是倒在床上闭目养神，就是坐在电视机前两眼发呆，不愿意多说一句话。这与她刚参加工作时的情形有着天壤之别。

"工作了两年，让我觉得好累，有时连做梦都是工作的内容。"静美无奈地说。平时在工作中，领导经常给她机会，并对她寄予厚望。"越是想做好，越是做不好，这种压力搞得我身心疲惫。"

许多走进职场的女性通常觉得身心疲惫，眼看大好青春要在这种忙碌的生活里消耗殆尽，工作压力有增无减。可以说，工作压力是女人幸福的杀手。

研究表明，压力过大易引起以下负面效应：首先，容易让人变得不快乐、抑郁、焦虑、痛苦、不满、悲观以及闷闷不乐，觉得生活了无生趣，自制力下降，喜怒无常，工作能力下降，能使平时活泼好动的人变得懒惰，平时安静沉默的人变得情绪激动，原本随和的性格突然暴躁易怒。其次，压力大容易增加人们之间的矛盾冲突，影响工作效率与成绩，使人变得健忘、倦怠。再次，长期受工作压力控制的人会变得冷漠而轻率，他们虽然能够处理小问题和日常活动，但在重大问题面前会变得束手无策，无法作出正确决定，进而易作出不负责任的草率行为，为个人与集体带来不必要的损失与伤害。

工作压力所带来的负面效应正困扰着每位职业女性。这时，如何找到行之有效的方法和渠道及时排解、调适，并以饱满的热情投身到工作中去，成了现代职场女性亟待关注和解决的问题，因为，关爱自身，快乐工作，应该是职场女性永恒的追求。

[教你轻松调节工作压力]

如何缓解生活和工作上的压力，享受轻松生活呢？我们将为您献策。

1. 压力大时不要做太多工作

有些职场女性在面对强大的压力时，仍然会摆出女强人的架子，接受很多的工作和任务，她们忘记顾及自己。这些情况是应该尽量避免的。当你的压力很大时，一定要记得把自己放在第一位，先考虑自身的情况，再去想其他问题，不要让工作淹没自己。

2. 营养饮食平衡压力

研究表明，注意补充身体所需的维生素及营养品，可以帮助人们减少一多半压力。女性朋友要想立即恢复体力、驱除压力，不妨试试茶氨酸这种从绿茶中提取出来的物质，它能使色氨酸和多巴宁多产生26%。人体每天吸取200毫克这两种物质，身心会感觉轻松无比。

3. 制订计划表

当你制订了一个堪称完美的计划表，并且正在一步一步实施时，就不会产生无谓的压力，因为一切都在你的掌握之中。当你做好这一点时，压力也就消失无踪了。

4. 合理发泄可让精神轻松

使心理轻松的方法就是合理发泄，保持心理平衡。发泄的方法多种多样，你至少要掌握三种可以让自己精神轻松起来的方法，以便成为一个排解心理压力的积极实践者，并取得良好效果。

5. 学会倾诉

在巨大的工作压力面前，切勿忧郁压抑，把心事深埋心底，而应将这些压力向你信赖的朋友或家人倾诉。倾诉本身就是一个缓解心理压力的过程，它可以实现情感宣泄、心灵交流。在向别人倾诉的过程中，也许你会发现，压力根本没有你想象中的那么大，生活也并不像你想象的那么悲观。当你把工作压力都释放出来的时候，你会取得内心感情与外界刺激的平衡，这样压力自然而然就化解了。

6. 保持充足的睡眠

充足的睡眠可使人们暂时遗忘紧张焦虑的情绪。根据心理学的研究，个人在受到挫折时，睡眠就是一种松弛剂。因此，睡眠亦为一种调节工作压力的良方。

7. 用冥想减压

冥想也是一种很好的减压方式。冥想主要是通过获得深度的宁静状态而增强良好状态。在冥想过程中，你可以将自己的注意力集中在呼吸上并努力调节呼吸，也可以采取某些身体姿势，使外部刺激减至最小，产生特定的心理表象，你也可以什么都不想。一般你只要每天有意识地放松自己，在安静的状态下调整自己的呼吸速度，就可以达到缓解压力、改善情绪的良效。

当压力出现后，要正视它，逃避不是解决问题的方法。倒霉的事情总是朝最糟糕的方向发展，不要有什么挫败感；好的情形又总是向更好的方向发展，要懂得珍惜和享受它。女性朋友应记住这一点：在任何时候绝不逃避任何事，时刻保持一颗平常心。直面压力，才能一身轻松地投入工作，取得理想的业绩，并获得幸福的生活。

办公室里，经常会出现"老板来了"的报警信号。当这个信号传来时，人们便会骤然安静下来，不再津津有味地咀嚼口香糖，不再讨论昨天的消夜，二郎腿轻轻地放下去……和老板相处的感觉，就是"伴君如伴虎"。其实，老板只是一种头衔，一种称谓，他不是洪水，也不是猛兽，在老板头衔下面，也是一个真实的人。而人都有共性，只要充分运用交往艺术，便可与老板和谐相处！

伴君并非伴虎

[与老板相处有道]

员工与老板的相处是一门很深的学问，值得职场人士学习一辈子。

很多人说员工与老板的关系，就像猫与老鼠的关系一样，员工看到自己的老板就像老鼠见到猫一般，总带有一丝敬畏感，敬他是老板——佩服他决策上的果断，欣赏他的领导能力；畏他是老板——怕他心情不好让自己回家吃老本，所以人在职场，总是有话不敢言，哪怕心里不爽也不敢讲。

与老板如何相处并不是个轻松的话题，可以说它关系到一个人的"安身立命"，可是一个人又必须要和老板相处融洽，否则以后的职场道路就会很难走下去。所以，如何与自己的老板建立融洽的关系，便成了现代职场女性不可避免的一个重要问题。

对于你现在的老板，或许你有诸多看法，你可能把他看做自己的朋友，也可能把他看做自己的"敌人"。但是不管怎么样，毕竟他是你的老板，无论他是好是坏，你都无法脱离他或当他不存在。既然如此，倒不如运用一些交往技巧，

"化敌为友"，与老板建立和谐的人际关系。如此，双方的心情都会大感愉快。那么，如何做才能达到这一目标呢？

通常而言，老板对于平庸无能型的员工比较讨厌。所以你一定要让老板知道你的工作能力和真才实学。不要以为有心地善良、态度认真、唯命是从等"特长"就可以受到老板的器重，而必须有"真本事"才行。在竞争激烈的现代职场，非常讲究效率，倘若你做事慢吞吞，前怕狼后怕虎，效率很低，那么无论你的脾气、心眼多么好，工作态度多么认真，老板仍然不会看重你。所以，工作中对于老板分配的任务，除了要一丝不苟地对待，更要干脆果断地圆满完成。如果你给老板留下的印象是工作松懈、萎靡不振、爱发牢骚或只会说恭维话，那么作为员工的你就很难翻身。古人说得好，"事实胜于雄辩"，只有你干出真实的成绩，才能让老板对你刮目相看，并进一步对你委以重任。

[与老板和谐相处妙招]

对于职场女性来说，究竟什么才是与老板和谐相处的长久之道呢？

1. 真心尊重

在工作中，对老板的尊重一定要出于真诚。试想一下，哪个老板会雇用或是提拔一个可能背叛他的人呢？这个道理浅显易懂，然而很多职场人士却不明白，最后落得个最糟糕的下场——被辞退。所以，对于每一位职场女性来说，永远都要尊敬你的老板。

2. 主动沟通

在职场上，很多员工希望老板像猜谜般去解读他们内心的想法，一旦不合自己的意，就以消极怠工甚至辞职来要挟。其实这样的问题如果你不学着去处理，到新的公司类似的问题还是会发生。要想得到自己想要的东西，最好的方法就是和老板沟通，主动说出自己的合理需求，这才是解决问题的正确途径。

3. 交流看法

大多数公司都会定期对员工进行评估。就算你不认同评估结果，或者你不同意其中的一部分评估意见，你也要安静地坐下来沉思，并明白一件事：在别人的心里，你就是那样的。比如说，你可能晚上在家处理一些公事，给人的印象却是经常提前下班，不像其他同事那么努力对待工作。如果是这样，你就要找老板谈一谈，去改变老板对你的这种印象。职场女性应切记，不要让别人的印象毁了你自己的事业，这可是致命的一击。

4. 学会换位思考

别遇到什么事都去抱怨老板，要学会站在别人的角度想一想。想老板之所想，急公司之所急，集中精力帮助老板解决经营中的各种困难，这才是一个职场人士真正要做的。

5. 担起应负的责任

如果一名员工上班迟到了，老板问他原因，他十有八九会说："路上堵车了，所以迟到！""今天闹钟坏了，所以迟到！""今天下雨，所以迟到！"……但很少有人这样说："对不起，这是我的错！"试问，一个连上班迟到这样的小错都不敢面对的人，怎么能够承担更大的责任呢？老板愿意将重任交给他吗？

6. 建立互信关系

老板聘请你到公司做事，为的就是授权与负责。如果你能将老板吩咐的事情，一丝不苟、尽善尽美地完成，即便从未到老板办公室或家里"汇报思想"也没有关系。因为你使老板"省心"与"安心"，最后求得"放心"和"舒心"。这样不仅使你们的关系更和谐，同时也会给你带来更大的回报。

对于职场女性而言，懂得掌握方式与老板和谐相处是至关重要的，这是你成就事业的重要一步，但需注意的是，老板毕竟是老板，不是朋友，不可走得太近。只要掌握了方式，与老板才能建立良好的关系，从而才能得到老板的赏识，事业才能蒸蒸日上。

薪水迟迟不涨，跳槽！没有发展空间，跳槽！Office人际关系太复杂，跳槽！有人说离开一个已经让我们没有激情的单位，就像结束一段已经枯萎的爱情。所以，既不能太过绝情，也不能拖泥带水，女人在辞职时要拿出你的风度，展现你的智慧，留下你的微笑。

跳槽也要有风度

[辞职也要讲究艺术]

在一个工作岗位上待久了之后，有的女人会慢慢发现，原来公司有很多令自己不满意的地方。经过慎重考虑之后，你就应该做好辞职的准备，并掌握辞职的艺术，否则会给你以后的就职带来不利影响。

千万不要认为只靠一封E-mail，或是说些不着边际的理由就能全身而退。你应该思考一下这个问题：我该做些什么来保证自己成功"转身"和"留香"老东家？这是个很重要的问题。

打算辞职时，应向人事部门递交一份正式的辞职报告。辞职信之所以如此重要，还在于公司会在你的档案中写下对你的评价。如果人力资源部经理阅读的是一份措辞委婉、语句真诚的辞职书，那他对你的评价自然会好，那么落在你那张档案纸上的文字自然也会不错。现在有的职场女性在决定跳槽之时，都是交上辞职信就走人，要么是领了工资，第二天就"消失"了。她们并不提前对公司里的人透露辞职的消息，也不会提前打招呼，她们以为，这样做是对自己的一种保护。其实这是上班族离职过程中最忌讳的一点，它会成为你在今后寻找工作中的一个败笔，职场女性要切记。

此外，在写辞职信时一定不要说上司的坏话；不要满纸抱怨，抨击公司制度；不要指责同事，要知道，把老同事都得罪了，对于自己是没有好处的。

倘若原单位有需要你的地方时，尽力去做，那么你的风度就尽在不言中了，同时也扩大了自己的人际圈。

［辞职前后易出现的六种症状及处方］

不管何种原因，当将要离开为之工作或长或短时间的公司，总会有各种不良情绪缠绕着自己。有些女性在辞职前后会出现这种"辞职综合征"。为了帮助你更好地控制自己的情绪，并不对其他同事的情绪造成负面影响，我们针对不同的心理症状开出了相应的"处方"，也许会"药到病除"！

症状一：忧愁

你知道自己应该感到高兴才对，因为你辞职是为了有更好的发展。但是你发现，自己非常怀念原单位的工作氛围与身边的同事。

处方：在这种状态下，你只需记得自己辞职的理由。在离开之前，你进行了深思熟虑，你会挺过去的。

症状二：狂喜

你已经算好新工作将给你带来250万美元的期权。当你递交了辞职信后，就被身边的人怂恿开一个盛大的庆祝舞会。你被狂喜浸泡着，轻飘飘地在半空中飞着。

处方：你要注意将自己的过度兴奋密封起来，以免满溢出来，从而乐极生悲。记住，世界上没有十全十美的事情，也没有免费的午餐。

症状三：无聊

写好辞职信后，在沮丧和茫然若失中，你度日如年地在原单位度过你的最后几个星期。

处方：想必你本人也不想给人留下这样的印象吧？既然你离开的决心已定，何不在最后的日子里让自己乐观而努力地投入到工作中呢？这会让你的心情变得轻松许多。

症状四：内疚

当你在交接你原来手中的工作时，你渴望时光能够倒流。你想承担更多的工作，但已经是曲终人散的时候了，你被深深的内疚感折磨着。

处方：当你在原单位只剩最后几天时，你不能完成所有的工作，你一定会产生犯罪感。其实这是没有必要的。你应该完成力所能及的工作，把剩余的工作移交给他人，然后扭头走人。

症状五：妒忌

还未离开原单位，可你找到一份新工作的消息已散播出去，办公室里最亲密的朋友开始给你"冷肩膀"，不再搭理你。

处方：你的同事可能会感觉他们被你抛弃了。这时你要做的是，约他们一起吃个午餐，让他们了解你们的友谊在你离开后仍然会延续下去。

症状六：患得患失

你已经递上了辞呈，但你总在患得患失。你总是试图拨通电话，想问问是否能将辞呈收回。

处方：这种变换工作前的"神经过敏症"是一种很常见的现象，你大可不必担心。你要提醒自己为什么会选择新工作，当你想清楚之后，你就会找到久违的快乐。

在此我们要提醒各位职场女性：每次的辞职都是人生重要的拐点，这个弯转得漂亮会让你登上更高的台阶。如果跳槽势在必行，那么必须在能寻得更好发展空间的前提下，如果并无目标，只是觉得自己厌烦了，那么最好暂且不要跳槽，以免得不偿失。

情商（EQ）又称情绪智力，是女人幸福的关键因素。情商较高的女人不管在任何领域都占尽优势，无论是谈恋爱、人际关系，还是在主宰个人命运等方面，其成功的机会都比较大。对于女性朋友来说，只要多一点勇气，多一点机智，多一点磨炼，就会锻炼成"情商高手"，从而营造有利于自己生存的宽松环境，建立属于自己的交际圈，打造更通畅的人生道路。

提高情商也能提高你的工作效率

[做个高情商的女人]

情商与人的生活各方面息息相关，是影响人一生快乐、成功与否的关键，它甚至比智商更重要。研究证实，一个人的成功，20%来自于智商，而80%取决于情商。情商高的女人通常具备以下几种特征。

1. 具有随时随地觉察自我情绪的能力

也就是说具有时时刻刻觉察自我当下情绪的能力，做自己的情绪管理员。了解自己身上的优点和缺点，让生命能够在关键的情绪交叉点上，向正确的方向发展。

女人要明白，除了自己之外，没有任何人会对你自己的情绪负责，所以，自己必须为自己的情绪负一定责任。

2. 具有挽救负面情绪的能力

不管是在职场中，还是在生活中，每个人都会遇到各种各样的问题，当问题来临，女人必须要具有挽救负面情绪的能力。学会控制和管理自己的情绪，无论何时，都能保证自己的情绪平稳，这样就等于是对自己负责。

3. 学会自我激励

在心理学上，自我激励是一堂十分重要的课程，女人要学会激励自己，然后才能在激励中不断地提醒自己。

4. 学会察觉别人情绪的需求

在生活中与别人相处，能够觉察到别人的情绪，知道什么该说，什么该做，能把握好分寸。

5. 具有创造双赢的人际管理能力

人际关系的和谐是成功的基础，女人必须要学会协调和管理人际关系，使自己愉快地与每个人相处。

可以说，情商是女人获得完美幸福的秘密武器。

高情商女人能够以宽阔的胸怀接受各种情绪的影响，具有较强的情绪承受能力，并能通过合理的途径克服消极情绪所带来的困扰。她们始终保持着乐观向上的精神，对生活充满了希望和信心，从而才有勇气和耐心去征服生活中一个又一个艰难险阻。而一味沉浸于沮丧之中不能自拔的低情商者，最终只会使自己一败涂地。

高情商女人在生活中属于创造者，也是社会生活的推动者，她们懂得是工作把人生的罗盘拨向成功的一面；高情商的女人通常会锁定一个自己有能力完成的目标，她们不会盲目自大，一旦目标确定，就全力以赴，不会轻言放弃。

高情商女人或许并不是人群中最聪明的人，但绝对是热忱而顽强的人。

心理学家说："只要你有高情商，你就离幸福不远了。"

[高情商女人赢得成功的"秘密武器"]

1. 行动才是关键

高情商女人不管情绪如何，总是坚持正常工作，她们从不会让任何情绪影响自己的正常工作，她们懂得不去尝试，永远无法到达理想的彼岸。

2. 坚持就是胜利

高情商女人明白目标是一点一点、一步一步达到的，不是一蹴而就的事。当她们为成功而奋斗时，她们一步一步前进，给自己不断尝试的机会。她们坚信，坚持就是胜利。

3. 专注于今天

情商高女人没有拖延的习惯，她们深深明白：我生待明日，万事成蹉跎。一遇到问题，她们马上就处理，这样不但利人利己，也是真正在享受人生的使用权。

4. 积极心态的力量

高情商女人有着积极的心态，她们对周围的美好事物和自然景观会感到十分愉悦。她们欣赏含苞欲放的花朵、雨后清新的空气等诸如此类的小事物；她们的思路和言谈能够引导人们变得积极上进。这些是非常可贵的。

5. 真诚的肯定

高情商的女人，她们懂得去真诚地称赞一个人，从她的眼里和语气中，你感受不到任何虚假的成分；她们也为自己在达到目标的方向上所做的努力和所取得的成就，表示由衷的赞赏。

6. 不与人争论

无论是在工作中还是生活中，高情商女人致力于维护互相关心的友好气氛。在争论中她们承担起责任而减少冲突，从而快速改变别人的戒备态度，投入到当下的工作。在与人交谈时，她们真诚地肯定对方并且说：请告诉我你的观点。然后认真倾听，不去计较或争论。

7. 笑对逆境

生活中，每个人不可避免会遇到一些困难和挫折。在这种情况下，高情商女人通常能把忧虑转化为动力，努力去实现自己的目标，在重要关头，她们通常能发挥出惊人的潜力。她们的恐惧和忧虑是力量的源泉，使她们能完成那些别人眼中不可能完成的任务。

情商是一种能力，是一种创造，又是一种技巧。提高情商可以减轻压力，提高工作效率，使你与周围的人积极沟通。然而，提高情商像是弹钢琴，通向成功的唯一道路就是练习，练习，再练习。在这个过程中，你要反复不断地实践，坚持到底，相信你终会有所收获。

向他人展现
充满魅力的你

——————●——————

③

　　这是个魅力四射的时代，能充分展示自身优势、体现自身价值的女人是智慧的；能将自己的内心变成一片风景的女人是聪明的；能将自身的魅力融入生活中的女人是幸福的。所以，女人能否获得幸福，最重要的是看她能否全面展现自身独特的魅力，能否充分利用好自身的优势。

常常听到别人这样说"女大十八变"，并不是每个女人都会越变越好看的。女人的容貌是会变的，这种变化排除时间的因素也会向美与丑两个方面变化。女人的长相并不能决定一切。长得不好不要紧，只要内心美才是真正的美；有些人长得好看，如果内心不美，而且懒的话那还不如丑一点。

花时间 "妆" 点你的美丽

[美丽就是资本]

女人的美丽能够换来幸福，能够换来自己所爱的男人的倾慕和宠爱，还能够让自己的生活过得更美好，更快乐。

在某商场，有一位营业员长得特别漂亮，她在那工作不久就引起了人们的关注。人们会不断地去她的柜台买东西，或是找着各种各样的理由问东问西，其他的女人都投以一种美慕的目光。长久下去，很多人只会到这个商场，到她的柜台买东西，这种现象影响到了周围的正常营业，为了保证正常的营业，这个美丽的女孩被调到了内部工作。但是自从那个女孩走后，商场的营业额明显地就下降了。

几年后，女孩到了结婚的年龄，却一直没有找到合适的结婚对象，因此她便又到商场工作了。结果几年前的现象又出现，商场每天还是会像以前一样顾客盈门，营业额甚至超过了之前的最高纪录。后来，这个女孩和一个服装供应商结了婚，还成为了著名品牌服装的代言人。

女人的美丽就是一种资本，如果能好好利用，就会给自己带来幸福的生活。

我们都知道在现实的社会生活中，看到的那些所谓的丑女，其实她们生来并不一定都很丑，只不过是她们从不修饰自己，哪怕是在重要场合，也不装饰自己。其实这是对容貌重要性认识不足的表现，否则肯定会做点什么，如擦一点口红、修一修眉毛等等，技术差一点不要紧，但这至少表明了你知道这是重要的，也是对客人的一个礼貌。

在日常生活中，每个女人都应该努力做到让自己的容貌更好地展现出来，也就是让自己更美一点。因为在人与人交往中，最初的印象是非常重要的；也就是说人与人第一次见面形成的第一印象，对日后的交往起着至关重要的作用。女人初次交往给人视觉的好与坏和印象的深与浅，都会直接影响着他人的评价和进一步的交往，所以女人一定要注重自己的形象。

爱美之心，人皆有之。无论在什么样的场合，美丽的女人始终是人们关注的焦点。对于每一位男性而言，美丽的女人就是一道亮丽的风景线。美丽的女人不仅仅要拥有外表的苗条柔顺、整齐划一，还应该具有生命力的激荡之美，其散发的魅力与香艳往往令男人神魂颠倒。那种与生俱来的美是不可忽视的，若再适当的"妆"点一下自己，那种美更会让所有的男人都倾心于你。所以美丽的女人一定要充分利用好自己的这一先决条件来打造一个完美的自己。

聪明的女人们，即便上苍没有赐予你美丽的容颜，但只要年轻，你就可以肆意地装扮、肆意地娇艳！

[女人美丽靠"妆"点]

新时代的女性不仅要追求自然的美，而且还要美得自然。再丑的女人都可以通过"妆"点自己而变得更加的美丽动人。其实，女人想要变美很简单，那就是化妆。俗话说，没有丑女人，只有懒女人，女人的美丽是要靠"妆"点的。有人说，化妆可以让女人变得更有魅力，对男人更具有吸引力，其实也就是说化妆是女人的"第二层肌肤"。懂得化妆的女人，是聪明的女人；善于化妆的女人，是智慧的女人。化妆，不仅让自己变得更靓丽而且还会让流逝的时光岁月返回，进而减缓女人稍纵即逝的美丽年华的速度。哪个女人不想美丽？哪个女人不想年轻？面对这么大的诱惑，女人一定要学会化妆。

均匀肤色是基础

皮肤是女人的衣裳，是女人身体的本色，也是女人身体的底牌和基础。拥有好的皮肤，不仅是同性更是异性目光追随的所在。针对身体各部位的皮肤而言，最受人关注的就是女人脸部的皮肤。在化妆的时候，首先要从眼睑开始，上彩妆之前先使用遮瑕笔，颜色要比自然肤色深两号。用遮瑕笔直接往眼睑处涂，然后用指尖轻轻抹匀；对于肤色不均匀的女性来说，底色是最重要的，记住：绿色能调节红色的肤色，紫色对偏黄的肤色有增白的效果，黄色使肤色有光泽；然后再用液体粉底，向外均匀涂开达到一种自然光泽即可。

描出眉间的风采

眉间是化妆时最难的一步，化妆时如果手一抖就会画不出自己想要的效果。这时不妨用眉笔在手臂上涂些颜色，用眉扫蘸上颜色，均匀地扫在眉毛上，你会惊喜地看到更为自然柔和的化妆效果。

眉粉与眉笔的效果是不同的，眉笔画出的眉毛线条往往较生硬，显得很浓，如果你想要画一个淡妆，眉粉也是一个不错的选择。眉粉可以牢牢锁住眉骨，不浓不淡。即使画的粗一些，但是看上去也会显得非常干净、自然，现在越来越多的女性都喜欢用眉粉。

腮红为你添光彩

使用腮红，可达到改变以及调整脸形的效果。爱美的女人都知道腮红有一个最大的作用就是给脸部带来血色感，使肌肤看起来自然红润，给人一种很健康的感觉。

在化妆时为了突出自然而红晕的效果，在颜色上宜选择与肤色相近的色调。比如：白皙肤色应配以温暖的古铜色或淡粉红的腮红；圆形脸的人可用棕色，以达消瘦的效果；而瘦长脸形的人可选用桃红、粉红等以使面部看起来红润又丰满。

在选用腮红的时候一定要注意它的质地。目前膏状的腮红也很受欢迎，用手指打圈涂抹于面部，能使肤色看起来有丝般的效果；对于那些皮肤本质不太好的人来说发亮的腮红请慎用，因为泛光的腮红会突出粗大的毛孔和粗糙皮肤；所以选化妆品还要看它的品质如何。

唇膏成为亮点

女性的化妆如果唇部不化妆，就好比一道数学方程式全过程都正确却没有写出答案一样，不能得分，所以唇部的化妆很重要。人的脸上有色彩的部分是眼影、腮红和嘴唇，尤其嘴唇是最有色彩的部分。嘴唇的颜色本身是以红色为主，随着血液的多少有时偏黄、有时偏白，不同的唇红颜色留给人的印象是不同的。

唇的形状是可以通过化妆来改变的。方法：在嘴唇的边沿有一道翻卷起来的、颜色浅一点的小边，改变嘴形的化妆就要利用这个部分。想要扩大唇形就让口红盖过小边，要缩小口红就不要越过那条边线。如果这样不能控制的话，涂唇膏时，建议先用唇线笔勾勒出唇形，用手指蘸取唇膏轻轻上色，然后再用唇扫填满轮廓。

在日常的生活中，可以使用口红颜色较为自然的，看起来不但流行，而且让人觉得舒服；过于怪诞的色彩，虽然风格鲜明、亮丽，但是从脸部的整体效果看起来显得不那么协调。

化妆品的质量对人的皮肤也是有影响的。化妆不理想，并不是因为你的化妆技术差，很有可能是你使用的化妆品的质量有问题。做一个漂亮女人，你就应该尽可能地选择品质好的化妆品，特别是使用频率较高的彩妆品，如口红、粉底、眉笔等。彩妆品每次用量并不多，一件化妆品可以用好长时间。质量高的化妆品可以养人的美貌，质量差的化妆品有时会毁容；不同品质的产品质地感、色彩感、细润程度通常差异是较大的。

女人，为了美丽一定要记住，选择质量好的化妆品，化妆的目的不是只要面部有了色彩即可；不要忘记了化妆的真正目的是为了美。

优雅是一种对生活的自信，一种积极乐观的满足，一种从容淡定的安详，一种谦逊善良的美德……女人的优雅可以说是一种姿态，一种气质，更是一种恒久的时尚。漂亮的女人不一定优雅，但是优雅的女人一定漂亮，因为她们用内在的美来修饰。她们不会粗枝大叶，会更多地关注生活中的细节，从而巧妙地掩饰一些小缺点，尽最大可能地展现自己的魅力。即使再丑的女人，只要有优雅的内涵就一定能够赢得很高的"回头率"。

优雅是持之以恒的美丽

［优雅是理性与感性的完美结合］

优雅是美丽的一张永久性名片，很多女人都希望自己成为一个优雅的女人。优雅给人的是一种感觉，但这种感觉更多的来源于女人丰富的内心世界、智慧的魅力、博爱的胸怀与理性和感性的完美结合，所以说优雅的女人是美丽的。

在日常生活中，你会发现张扬的女人大多都不优雅，因为优雅的女人是不会张扬自己的，她们更懂得如何去展示自己的格调。即便长相平平，她们也会意气风发地对待自己和生活。就着装来说，自甘慵懒、不修边幅的女人永远不会优雅，真正优雅的女人是不会在着装上"鹤立鸡群"的；即使她们打扮得清清爽爽都可以看得出来是那么的富有格调，不管什么衣服穿在她们的身上永远都显得那么的合适、精致淡雅。

优雅女人都有着不凡的气质。即使她们身着布衣，简单朴质的气质一点也不少，照样可以捕捉到亭亭玉立、高贵脱俗的感觉。优雅的女人不但有着充实的内涵和富贵的气度，更多的是丰富的文化底蕴，这是美丽的外表所没有的境界。

优雅的女人不但外表美、有气质而且还是一个懂爱的女人，她们很自爱，对老人更是关爱有加、在孩子面前更是一位合格的母亲、爱丈夫、爱朋友、爱同事、爱工作，更懂得如何去爱生活。因为心中充满爱，所以她们绝不在一己得失上斤斤计较；在倾听他人倾诉时真诚细心，那温柔的微笑，总会不经意间绽放在对方的心灵深处。

优雅的女人还要懂得理解与关怀，懂得信任与尊重。对自己的爱人，她们也许有时候会调皮任性，偶尔耍小性子，但是她们却懂得男人需要什么，懂得适可而止，懂得不让男人因为她而伤脑筋，会成为男人在外拼杀之后温柔港湾、心情舒畅时的知己。

世界上优雅的女性中，日本女人可谓是极品经典。日本女人不管自己的长相如何，不管是在什么场合，总是会把自己打扮得很精致，穿着很得体。在日常的生活中她们都会把自己修炼得不但内敛而且温顺，这并不缺少那种不可言状的自信和自若的神情。自然而然地就会有一种优雅由内而外一点点地散发出来。

优雅会给人一种高贵的感觉，会让人在不知不觉中愿意接近。在男人的眼中最完美的女性是拥着优雅心态的，那种从骨子里渗透出来的、从谈吐中流露出来的、从行为中表现出来的优雅，给人一种深刻的、睿智的、独特的感觉。

[如何做一个优雅女人]

法国有句格言："优雅是年龄的特权。"

圣罗兰曾经说过这样一句话："优雅是从17岁开始学的，也许更早。"其实优雅也是一种挥之不去的习惯。从小关注女人所特有的魅力，学习、表现优雅，这样日积月累就会形成自己所独有的、无人能及的气质。

女人的优雅是内在的，不是单单由物质装饰出来的，更不是抹上兰蔻、SK—II，穿上名牌就能表现出来的。那最多也只不过叫做时尚，是外在的，是性感，而优雅却是一种自然流露出来的气质，是静静绽放的百合，是一些"杂草"所不能比拟的。

优雅的女人还要"腹有诗书"才能"气自华"。众观世间那些优雅的女人，无一不是在书籍的修炼中才会脱颖而出的，才是那么富有格调和品位的。在书籍中练就的美是发自内心的、是经得起时间考验的。

女人优雅不但要爱别人，更要懂得爱惜自己，在爱自己之前一定要有一个好的心情。好心情的时候人也是美丽的，这时才会顾及自己的美丽与否，否则烦恼尚且来不及消除，怎么还会去考虑如何让自己美起来。女人如花，花虽美，可有一定的花期，它们美的时间是短暂的。面对这个短暂的时刻，女人一定要"养精蓄锐"，一切为了这个时刻展现自己的美。

女人的美貌如同鲜花需要浇水和呵护一样，需要女人们的保养和修饰，预防皱纹过早地爬上脸庞；这时，女人就要保持一个平和的心态，不与别人争名与利，不去计较得与失，记得有得必有失的道理；不要去议论家长里短，更不要轻易发火，因为总是发脾气的女人容易老。女人的容貌也需要一定的慈爱和宽容，如果再加上细心关爱、精心呵护，女人的美丽青春就会长驻。

优雅的女人大多是含蓄的、矜持的、沉静内秀的、内涵丰富的。有人说优雅的女人不懂得浪漫，其实不是她们不懂，只是不会不分场合、不看对象很自以为是地说笑不止，而不顾别人的感受。她们更懂得倾听不但是一门艺术，也是对别人的尊重，她们明白什么该说，什么不该说，什么是别人的痛，什么是别人的隐私，只有这样的女人才会受男人的欢迎。

如果一个盲目地去追求什么潮流、时尚的女人，那么她是不优雅的。因为优雅的女人知道什么是最适合自己的，她们有着专属的个性，那些只不过是别人的。即使大街上追求时尚的潮流大大盛行，她们也不会在潮流中迷失自己。她们会优雅地生存于潮流之中，优雅的女人不会被潮流改变自己，只会让更多的人跟着自己而赶潮流。

优雅的女人往往是重感情的女人，她们不会随便去投注感情，伤害别人，她们知道伤害别人比被别人伤害更令她不安。因此，她们很珍惜拥有的感情。

二十几岁的女孩是最漂亮的，因为她们还带着那种经过合适土壤一以贯之修炼的味道；三十岁以后的女人，优雅的光泽就会慢慢地显现出来，魅力指数如滔滔江水。女人，漂亮的容颜就犹如昙花一现，而优雅是一种从骨子里透出来的恒久的美丽。想要成为一个优雅的女人，你可以没有美丽的容颜，但是你不可以缺少别样的内心美和独特的气质。容颜会随着无情岁月而被一步步被摧毁，但是内在的美是由骨子里日久天长的积累下来的，是经受得起时间的打磨的。优雅可以使一个女人一生都尽情地美丽。

年轻的容颜，但优雅却可使女人一生都无限美丽。成为优雅的女人，你可以没有如花的容颜，但一定要有别样的心灵，独特的气质！优雅是让男人甘愿臣服的利器，如果你想要征服让你心动的男人，培养优雅的气质是关键。

每个女人都希望自己美丽。其实美丽只是女人一时的资本，一种让男人驻足的资本。而女人足够让男人留驻一生的资本就是智慧。拥有智慧的女人不但美丽，而且足够让每个男人都臣服于她。女人可以不美丽，可以缺少漂亮的外衣，但不能缺少智慧。美丽是外表，可以通过修饰或整形而得到；可智慧是不可能因穿上华丽的外衣或整形就可以的。智慧的女人，是有内涵的，有修养的，对男人有着不可言喻的吸引力。

智慧女人更具吸引力

[美丽女人，还要有"女人味"]

　　美丽是女人毕生的事业。女人因为美丽而得到男人的欣赏，因为有"女人味"而得到男人的宠爱，这就好比两个女人，一个有着精致的妆容，一个素面朝天，同时站在一群男人的面前，而得到欣赏目光最多的是那个有着精致妆容的女人；不是男人色，而是每个男人都有一种欣赏美丽女人的本能。

　　相信每个女人都想赢得众多男人投以欣赏的目光，如何才能达到这一效果那就要看自己美丽与否，有没有"女人味"了。所以想要留住男人目光的女人，就要先让自己美丽起来。

　　一位老太太，虽然她已经有六十多岁了，但她漂亮的面孔却看不出一点老的模样。

　　她对自己特别的"好"，保养起皮肤来更是呵护有加。从二十多岁开始，她坚持每周做两次美容面膜；她对皮肤保养很用心，即便是在不化妆的时候，她也不会忘记将脸部清洗干净。正是每天都坚持着这样的习惯，她才会显得如此年轻。

她还不断地将自己的美容心得告诉女儿们："减肥是一生的事情，只有懒女人才会有肥肉。"而她身高就有166厘米，在她的一生中体重却从来没有超过110斤。很多人肯定会认为，她应该是一个不顾家庭、只顾玩乐，上了岁数还不懂事的女人。其实不然，家人爱她，她总是把家里打扫得干干净净。她家庭幸福，身体健康。她很爱自己的丈夫和孩子，她的子女在事业上的表现都很突出。她拥有着令同龄女人羡慕的幸福生活。

男人们待在一起的时候，话题总是离不开女人。他们谈的重点大多都是：真正美丽的女人不但要漂亮，还要有女人味。那么，女人味到底是什么呢？

女人味不仅代表着女人思想上的自由开放，而且有女人味的女人更懂得取自己所需而又不依附于男人；不仅代表着性格温柔贤惠或者纯真可爱，而且给人一种自然、想要亲近的感觉；还代表着除了典雅沉静，顾家，对人的体贴，激发男人的保护欲，充满个性浪漫优雅，甜美多情，性感张扬之外的充满自然奔放的热情和神秘的气质，因为具有"女人味"而变得更加美丽自然。

漂亮的女人不一定有女人味，但是有女人味的就一定很美，所以说女人味是女人幸福的发源地。因为她懂得"万绿丛中一点红，动人春色不需多"的规则，具有以少胜多的智慧。她们不需要太多的装饰和做作的举止，她们的一言一行，一举一动就是个优势，就足以将她们的美丽展现得完美无疑。

由让·雷诺和广末凉子主演的《绿芥警探》中，有一句台词非常打动人心："我不漂亮，也不会做饭，但我懂得爱。"只有这样的一句话就足以证明她是一个有女人味的女人，不相信男人听了会不为之动容；这也是在说明：漂亮的女人不一定美丽，有女人味的女人才是最美丽的。

男人对女人的美丽总是保持着一种顽固的"最难消受美人恩"的心理。这里所说的"美人恩"，其实是男人眼中的女人的水性，女人的娇羞，女人之所以为女人的温柔，女人敢于、善于为女人的女人味！如果一个漂亮的女人没有女人味，那就不能被称为一个真正美丽的女人，一个有女人味的女人才是美丽、动人的。

［学会用智慧经营感情］

幸福的生活是靠事业的成功与感情生活"正常"组成的。一个人只有事业上的成功并不算是真正的幸福，事业成功，感情生活不难过压抑，才是一个幸福的人生。这个幸福往往被感情所牵制。其实只要我们不断地提升自己的情感智慧，学会经营感情，那么幸福人生也就成功了一大半。

她们的家庭是幸福的。男人是一家企业的老总，温文尔雅风度翩翩；女人是机关公务员，聪明漂亮善解人意。她们彼此深爱着对方。

然而有一天，女人发现了丈夫有私情。那天，她出差。在去车站的路上，突然想起一件重要的文件忘在家里，于是，她请出租车司机调转车头往回走。到了家门口，还没来得及下车，就看见丈夫慌张地打开房门，把一个女人放进去，又朝四周观察一番，确认没人注意，才小心翼翼关上房门。那个女人她认识，是他的下属，住在她家对面那幢楼房。

在看到那一幕的时候，女人有一种冲动：毫不犹豫地冲进屋内，当面戳穿他们的隐情。然而她没有那样做，她先是停了一下，因为她的心告诉自己她还爱着丈夫。那样做只能掀起轩然大波，不仅会激怒那个女人，而且还会使丈夫更加难堪，自己也会很难堪，说不定还会把丈夫推到离那个女人更近的位置，她不想结果变成这样。她深信丈夫只是一时糊涂，他仍然深爱着自己。她想着装聋作哑不行，一个人是很难承受那么大的痛苦的，说不定还会使丈夫无法自拔。倒不如给那个女人一个台阶，让她自己斩断这份不该拥有的感情，也给丈夫一次回心转意的机会。

想着她与丈夫过去的点点滴滴，她果断地掏出手机，拨通家里的电话。"老公，我把文件忘在书桌上了，你把它找出来，我请小陈来拿。"小陈就是那个女人。不等他回答，她挂机又拨通了小陈的手机："请你到我家里拿一份文件送给我，行吗？我在门口等你。"

过了一会儿，那个叫小陈的女人出现了，脸上充满了羞愧和尴尬。她接过文件，优雅地一笑，说声："谢谢。"然后让司机开车。此时此刻，她再也忍不住心头的酸痛，任由眼泪不停地滑下脸颊。她这是与自己的幸福婚姻打了一个赌，如果这样还是不能挽回丈夫的心，那她真的该放弃这段感情了。

然而上天是公平的，她赢了。多年过去了，男人再也没有越雷池半步，他和她之间的一切仿佛就是一个空白，谁也不再提起。但是他们的生活依旧很幸福。而那个女人在断绝与上司的往来后，不止一次对别人说："她是我见过的最聪慧的女人。对她，我除了崇敬，还有感激。"

聪明的女人通常懂得宽容她爱的人。女人要学会用智慧经营感情。在婚姻这所大学里，女人要学会糊涂，懂得宽容；学会糊涂并不代表着自己是多么的无知，也不是表明自己多么的软弱。这种做法表明了一个人对他人过失的理解，给他人弥补差错的机会，是明智的、有先见之明的举措。在婚姻生活里它是一种技巧，更是一种包容，也表明了一个女人的成熟，更是给幸福婚姻的无声的激励。

想要做一个幸福女人，不但要美丽而且还要有智慧。如果你仅仅美丽，那么推荐你去看一看电影《茉莉花开》，里面的女人没有一个不是美丽的，但是悲剧却不断重演，男人被她们吸引，留下，然后离开……

由此可知经营感情是要用心的，也是有学问的，是要有智慧参与的。经营，是两个人面临的事情，要学会和对方沟通，不是对对方好就是爱。没有了沟通交流的技巧，爱就会被理解成不信任，不尊重，甚至双方都会感到很压抑。

一个不在乎男人品味的女人是不漂亮的，更不是智慧的女人。因为在这个社会上，漂亮女人会让一切过程简单化，而拥有智慧的女人在这个社会上生存更是如鱼得水。美丽的女人最具有风采，智慧的女人才能够过上幸福的生活，更能得到男人的宠爱。漂亮的女人让男人停下，智慧的女人却让男人留下。她们需要与一些很优秀很出色的男人在一起，互相激发，分享生活，感受彼此的真诚和相处的乐趣。

人类是最具和谐的美学原则的，因为在世上，男人被造物主赋予了阳刚之气，女人被赋予了阴柔之美，男人与女人对立统一地组成了人类绝妙完美的世界。所以说女人的柔针对着男人的刚，女人的柔是男人的致命弱点。温柔的女人不但美丽而且有个性，让男人有一种想要保护的冲动，温柔的女人是幸福的。

柔情似水的女性倍受青睐

[温柔的女人永远最美]

有人说女人如花，有人说女人是水做的，有人说女人温柔似火似水，有人说女人清新如茶，有人说女人貌美似玉一样冰清玉洁，有人说女人真诚淡雅，有人说女人独立坚强有时候也像个男人……仁者见仁，智者见智，没有统一的答案。作为女人，不管你属于哪种类型，如果你不温柔，就很难被人公认为好女人，更不会得到男人的呵护、关怀，凭着外貌赢得的只不过是男人一时的兴趣，却得不到男人一生的倾心。

什么样的女人才是真正的好女人？大多认为是漂亮的，也有人认为是聪明的，也有人认为是心善的；其实真正的好女人应该是温柔的化身。只有温柔的女人，才能暗香长留，清美幽远，也才是最让人心动、最美丽的女人！

女人的那种让男人感觉如痴如醉，久久不忘却说不清摸不着的感觉，是女人所独有的一种由内而外散发出来的温柔。不可否认美丽的女人固然能引人注目，但她们留住的只是男人的目光，却留不住他们的心，因为温柔的女人才是最美丽的。

她是一名比较漂亮的女人，在众多的追求者中，她没有看中一位，而是独爱另一个男人。

那位男人的事业很成功，女人为了能够配上他，引起他对自己的注意和爱心，她努力学习各种知识、男人最爱的活动，她学着做一位事业上的女强人，对经营管理有着自己独特的一套方案，在商场上有着一定的威望。

女人感觉时机已经成熟，于是她开始和那位男士约会，每次与他约会，她都能与他在学术方面滔滔不绝，男人说的什么她都懂得，有时甚至比男人还有见地。然而，那位男士后来竟莫名其妙地和她分手了，娶的却是另一位默默无闻，无论从学识还自身的气质都不如她的姑娘。那位漂亮的女子不耻下问那一姑娘："他到底爱你什么？"然而那女人出乎意料地说："她，很爱吃我亲手烧的红烧肉。他工作太忙，只要吃到我做的红烧肉，就会有精神工作了。"这时漂亮女人才知道，男人不爱自己，不是男人的错，是自己没他的妻子温柔。

由此可以看出，事业型的女强人并不是每个男人的所爱。事业型的男人并不想拥有一位工作上的出色助手，他们想要的是除工作之外的那份温柔。因此男人喜欢柔情似水的女人，也只有柔情的女人能吸引男人的目光。

《红楼梦》的作者曹雪芹先生这样赞美女人的温柔：男人想要的女人都是"温柔"如水的。男人最爱水做的女人，因为她是生动的，内容是丰富的，变化无穷的，因为她的清纯、甜美、超然、卓尔不群，因为她天生的妩媚、痴情。相信任何男人若一生能够遇上这样一位女人今生都将别无所求。

有人把女人的温柔比做是一块磁石，它有着自己的磁场，对任何类型的男人都有着不同的吸引力，不知不觉被它吸引，想躲却躲不开，深深陷在里面却不知道何原因。温柔不是一件具体的东西，它是抽象的，是表演不出来的，它是女人的生命本体自然散发出来的一种魅力。

温柔的女人通常都有洒脱的境界。即使生活坎坎坷坷，困难重重，温柔的女人也不会匆忙失措，她们会心胸宽阔，对万事万物都抱有一颗平常的心，在她们的脸上找不到一丝伤痛的痕迹。

温柔的女人通常都有仁慈的心肠。生活的无奈无处不在，她们会谦虚忍让和风相与，没有抱怨只会理解，坦诚面对所有的是非，在心底最温柔的地方藏着别人的过错，怀着一颗平静的心去减小矛盾，换位思考，不让幸福的生活在庸俗的尘世中变得破烂不堪。

[男人不会讨厌温柔可人的女人]

温柔的女人不但对朋友热诚，对孩子慈祥，对长者尽孝道，而且对丈夫更是爱恋，她们的温柔对丈夫来说有时也是一种鼓励，一种信任。温柔的女人常与爱恋、仁慈为伍，常跟宽厚、善良做伴。她们是良友，是孝女，是慈母，是贤妻。她们是一种慈祥、热诚、仁厚、道义和爱的结晶体，坚强有力，与美丽并存。并不是每个女人都漂亮，但是温柔的女人，就是最美丽的。

有这样一个家庭，他们并不富裕，艰辛的生活时常把他们压得喘不过气来。生活在这样的家庭里，丈夫深感没有给妻子带来幸福的生活，而妻子却是一直默默地支持着他，从来没有抱怨过一句。

他们只有一个儿子，学习很好，那年儿子考上了有名的大学，丈夫默默地蹲在门口挠着头，妻子则是很温馨地给儿子加油打气。丈夫愁的是没钱供儿子上学，儿子对未来很担扰，妻子看着父子两人不紧不慢地说："这个学得上，钱也要准备。儿子你打起精神来，孩儿他爸，我们要坚强，孩子只有靠我们。"

眼看着开学的时间就要到了，孩子上学的钱还差许多，丈夫苦恼不已。已是深夜了，父亲躺在床上辗转反侧，不能入睡，妻子很温柔地劝说："没关系啦，生活是艰辛了点，但是我们不能放弃儿子的未来啊。"妻子温柔的语言，贤惠的面孔很快让丈夫理智地振作起来。

丈夫听了妻子的话，为了家庭，为了儿子，为了贤惠的妻子，第二天丈夫接了工地上所有的活，虽然身上背负着重担，但想想妻子对自己说的话，想想未来儿子也在大学里生活的骄傲，只有加倍努力了。

开学的前天晚上，当丈夫把大把大把的钱塞到儿子手中的时候，妻子笑得很含蓄，丈夫的脸上也露出了幸福的微笑，儿子看着父母坚强地说："放心，我会记住你们的辛苦。我很骄傲！"说着儿子笑着哭了，父母却都笑得更加开心了……

也许你不是最美丽的，也许你不是最漂亮的，也许你没有华丽的外衣，也许你没有生活在好的家庭里，也许你的生活辛苦得在别人看起来无法过下去，但是只要你温柔，有对未来的强大信念，对一切有着强大希望的信心，相信家境也会逐渐好转。

真正拥有美丽的女人，不是每天对着爱人说要吃好的，穿什么名牌时尚的衣服，而是能给家庭带来力量的女人。青涩温柔的女人如春天的风，那份飘逸总是让人难以忘怀。温柔的女人如夏日里的细雨，那份水的清凉总能洗去心中的烦躁与不安，温柔好比风中飞扬的花瓣，总是弥漫着一缕淡淡的香。

任何男人都不会讨厌一个温柔可人的女人，不论她是否美丽。如果你不美丽，那就做一个柔情似水的女人，用你的柔情牵绊他的心，用你的温言软语安慰他受伤的灵魂，相信这时每个男人都因你的温柔而倾心；如果你没有漂亮的脸蛋，那就做个温柔的女人，在他疲惫的时候，给他最美的温存，让你的温柔取替他的疲惫。温柔的女人对爱人的一声问候，一个眼神，都会给他带来无比的温馨；温柔的女人是男人渴望的女神，是男人都喜欢的女人，只要女人自己足够温柔，想要拥有男人的心没有什么是不可能的。

温柔的女人并不是所说的顺从，没有主见，逆来顺受，而是用她的满怀柔情和宽容去包容他的过去和给他适时的鼓励，不管是美好抑或是丑恶，坦途抑或是坎坷，都能盈盈地笑着，毫不畏惧，承受着一切。如水的女人是智慧的女人、聪颖的女人，她知道让每一个在她身边的人舒展自如，呼吸畅快。对于他的过去，要"装傻"，但这并不是说你一定就真傻，而是在心灵上给以他宽慰的遐想，让他感觉到你的温存和体贴。

聪明的女人通常都懂得运用温柔的力量。并不是每个男人都是那么顺从、"听话"的，有时候男人也会蛮横无理得让你欲辩无言，这时即便你费尽力气也压制不住对方的气焰，而对这样的情况，温柔的女人就要用温柔的方法来对待：不必与他做无谓的争辩，只需报以温柔的一笑，温和地回答他的质问，这时就要用上你的温柔，回答得越是委婉动听，对方怒火越是消退得快，因为男人遇到女孩子的温柔可亲，进攻的炮火就难以发射，有人说这是以柔克刚的方法，其实这也是人们常说的："女人的温柔是男人降火最好的药材。"

美丽的女人不一定幽默，但一个懂得幽默的女人，她一定是美丽的而且是智慧的，更是善解人意的。这样的女人喜欢生活，懂得用自己的方式面对难解之情，用微笑放松自己，懂得用智慧的花香把自己熏陶得更加富有魅力，同时也熏陶着他人。能够给他人的生活带来轻松感觉的幽默女人才是最美丽的女人，也是最聪明的女人，更是男人中的焦点。

知趣味的女性乐趣无穷

[聪明女人，善用幽默的力量]

在当今社会中，每个人都喜欢幽默，向往幽默，追求幽默，其实幽默在我们的日常生活中是很别致的；幽默往往是有知识、有修养的表现，是一种高雅的风度。知识渊博、辩才杰出、思维敏捷的女人，大多都是善于幽默的女人。因为她们非常注意有趣的事物，懂得开玩笑的场合，善于因人、因事不同而开不同的玩笑，常常出人意料，带给人们一种轻松的感觉，让人觉得一切事物都是那么的清新。

有人说，其实幽默也是一种人生态度，是可有可无的，并不是缺一不可的，但有了它能让我们原本平实的生活增色不少！幽默也是一种女人难得的气质，拥有这种气质的女人对男人有着更大的魅力和吸引力。

爱国将军冯玉祥年轻时采用征婚的办法择偶，许多姑娘闻风而动，前来应征的姑娘门庭若市，冯将军看到这种情况一时间也犯了难，但是大名鼎鼎的爱国将军岂能无法，于是当每一位姑娘进来的时候，他直入正题："你为什么要和我结婚？"

当一些漂亮的姑娘听到这个问题时，都觉得有点"文不对题"，不是回答："你的官儿大，结婚后就好做官太太。"就是说："你的钱多，结了婚好享福。"这些回答很是令冯玉祥失望。

正是这样的问话，后来前来应征的姑娘越来越少了。一天，来了一位长相比较特殊的姑娘，其他漂亮的姑娘看着这位姑娘说："那么多美丽的女子冯将军都不喜欢，能喜欢你？"然而那些漂亮的女子又一个一个地被"淘汰"了。到了那位特殊的姑娘时，冯玉祥问："你喜欢我什么？"那女孩回答："什么也不喜欢！"他又问："那你为什么要到这里来？"姑娘风趣地说："老天怕你在人间做坏事，特意让我来管管你。"她的回答令冯玉祥不得不注意她，同时也令他产生了对那位姑娘的好感，后来那位姑娘成为了冯玉祥的妻子。

没有人会拒绝轻松快乐，在日常生活中到处可见幽默。然而善于理解幽默的女人，容易看透别人；善于表达幽默的女人，容易被他人喜欢，会被他人认为幽默的女人就是他们的知己。

在一家饭馆里，发生了这样的一件事情：一位小伙子去吃饭，点了一些饭菜，吃完了饭，他不是付钱而是直接对服务员说："对不起，钱夹放在家里了，我现在不能付钱。"

服务员是一位女的，但是她不慌不忙地说："那好吧！我相信你。为了使我记住此事，必须把你的名字写在门口的黑板上，同时记上你欠账的数目。"听了这些，小伙子很是不满："那不是每个人都看到我的名字了吗？"

女服务员看了看那位小伙子，微笑着说："不必担心，我们会用你的皮大衣把你的名字盖住的。"听到这些，小伙子知道自己的幽默被她识破，也就只好如数付清了欠款。

大家都明白，幽默的人最怕的就是碰到比他还要幽默的人。其实女服务员的幽默意图，是让这位小伙子在幽默赖账的时候用他的衣物来做抵押，对付不同的人，用不同的幽默方法既不会把事情说得那么明了，又能解决一些问题。然而在现实生活中常常不乏让人碰得头破血流仍然得不到解决的问题，但是，如果来点幽默，问题往往会迎刃而解。幽默虽无锋芒，却有无穷的力量。处境尴尬之时，幽默就是最好的台阶。

幽默的人与他人的关系常常是和睦的。幽默不但能解决一些尴尬的事情，还能显示自信，增强成功的信心。生活中的曲折，容易让人失去方向，放弃梦想，但是如果你保持着幽默，不管多么困难的事情都将会在你的幽默中迎刃而解。女人拥有这样的幽默魅力将会给自己带来更大的幸福。

[幽默，家庭生活的调味品]

幽默对于家庭中的日常生活来说，是一个不可缺少的重要内容，也是幸福生活中重要的一课。幽默就像菜肴里的"调味品"，家庭生活就好比一盘菜，而幽默就是调料；菜只有加上好的调料才会色香俱全，成为人间的佳肴。

他们吵架了，因为一点小事，夫妻之间都不肯让步。妻子看着丈夫再也不像以前一样哄她、宠她了，气急之下，妻子一边拿出包来收拾自己的东西，一边说要回家。丈夫也没有过多理睬妻子，只是在一旁生闷气。妻子收拾完衣物后，非常生气："我要去告你，让你欺负我。"丈夫什么也没有说，只是看了看妻子，拿出了纸和笔，示意妻子把原因写下来。妻子拿着纸和笔在上面写道：你骂我，你和我吵架……丈夫呆呆地看着，然后他写道：去哪里告我？不会又是回娘家吧？过了很长一段时间，妻子终于忍不住生气地说："我回婆家还不行啊？"丈夫瞅了瞅妻子说："那我还是现在就认输吧，省得到时候还要再拿出一大堆的什么费来。"妻子听了，立刻破涕为笑。二人以幽默的方式解决了即将爆发的情感战争。

幽默不是一成不变的模式，也不是毫无意义的没有分寸的耍嘴皮，而是一种艺术，更是一种修养，一种关怀，一种感动。

对于男人来说，他们最想要的就是有一个能让自己放心的女人。幽默的女人让男人放心，省心，安心。当为家辛苦劳动深夜才归的丈夫看到桌上的一张纸条，上面写着："饭菜在微波炉里，啤酒在冰箱里，我在床上"时，相信他的脸上肯定会露出笑意，也会被妻子温馨的话语所打动。

夫妻之间幽默的话题能够让爱情变得富有生气和活力。男人幽默可以维持好一个家庭，女人幽默可以让自己变得更让男人疼爱；只有这样，两个人的关系才会更和谐，才会让恋人陶醉在其中，享受爱情的甜蜜。

其实丈夫并不是不爱妻子了，而是为这个家太过操劳了，于是什么都会忘记。一天丈夫回家，看见桌上放着一个大蛋糕，便问妻子是何缘故。妻子说："哦！你忘了吗？今天是你的结婚纪念日呀！我特地为你买的。"丈夫这时才明白过来，原来是自己忘记了，而妻子并没有当面责怪他，反而给自己一个幽默的解释机会，丈夫很感动，便对妻子说："谢谢，等你结婚纪念日到了，我也买个蛋糕，好好为你庆祝一番。"夫妻俩在同一天结婚，结婚纪念日只有一个，又怎么会分"你的"、"我的"呢？然而他们笑得是那么的甜，那么的幸福……

其实从妻子的话语中可以看得出来，她还是有些在意丈夫忘记他们的结婚纪念日，但是她并不是赤裸裸地说出来，而是用幽默的话，告诉丈夫，而丈夫又用幽默的话回答她，表示他以后不会忘记。

夫妻间的相互尊重、信赖，是深化爱情和事业成功的基本保证。任何训斥或轻视贬低爱人的做法都会损害对方的自尊心，这是最不能忽视的。所以，有时候不妨用幽默来暗示责备，既不让对方难看，又能很好地说明一些问题。幽默的女人是自信的，幽默的女人是美丽的，幽默的女人更是幸福的！

幽默是一种正常的反应，不是装出来的，也不是硬生生地说出来的，而是要带着一种自然的表情不做作地说出来的，能够给人一种轻松的感觉。女人在运用幽默时，一定要表情自然轻松，只有这样，您才能将幽默的轻松气息"感染"到身边每个人。记住，一个看来满面愁容或神情抑郁的女人，是不可能真正地发挥幽默的魅力的。幽默女人的生活是乐趣无穷的，不管是婚姻还是朋友关系，商场上她们都能够过得幸福，融洽，顺心。具有幽默感的女人，她们的生活会更为丰富多彩和快乐。

　　岁月易逝，女人的青春总会有如花的季节，总会有花期度过，随着年龄的变化，青春不再。漂亮如同握在手里的沙子，攥得越紧从指缝中流失得越快。如果说小女孩儿的漂亮犹如绢花似的，那么成熟女人所具有的就是挡不住的迷人气息。美丽只不过是个表象，骨子里的才是气质。气质是女人魅力之本，所以要力争做个精致有气质的女人！

有质感的女人美丽不过期

[气质是女人获得幸福的资本]

　　有气质的女人最受男人的关注，有气质的女人是最漂亮的；女人的气质是天生的，是一种从骨子里散发出来的气息。走在人来人往的大街上，总是那么光彩照人，虽然一闪而过，却总会让人久久回眸，难以忘却；那一举手，一顿足总是惹人注视，与众不同，其实这就是气质的魅力。有人说气质不是靠闻就能闻得到的，是一种触摸不到的力量。

　　有气质的女人是幸福的，因为气质是女人幸福的资本。因为男人都喜欢有气质的女人；女人特有的气质在很大程度上决定了女人一生的幸福。漂亮女人让人爱一时，气质女人让人爱一生。气质的女人是最具魅力的，即便是美人迟暮，那种韵味依然犹存，让人一眼就能看出那份恬淡的气质和舒卷的宁静安然。所以说有气质的女人不但自己美丽，更能吸引男人的目光，生活也会更加丰富多彩。

　　气质代表着女人的个性。其实每个女人都有属于她自己的气质。那种气质就像她本身所固有的，如同各种各样的花有着不同的香气，受到了认可，这种气息就是"香"的，反之只能是孤芳自赏了。聪明的女人不会盲目模仿别人的美，因为她们知道，只有不断创新，才能拥有与众不同的韵味，成为一个有个性的人。

气质代表着女人的灵性。一个魅力十足的女人，除了美貌之外，还要有灵性，有内在的气质，否则就很容易沦为花瓶。一个女性如果只靠各种化妆品修饰，生命必定是空白的。内在的气质美不但可以延缓女人的衰老时间，而且还可以给人年轻的感觉，这种幸福只有有气质的女人才能体会得到，并能引起他人内心的震荡。

气质代表着女人的智慧。"秀外而慧中"也就证明着：有气质的女人，智慧是气质不可缺少的养分，智慧在一点点地雕琢着一个人，塑造着一个人。智慧使女人能把握自己，从容自信，富有迷人的魅力，她的一个不经意的动作，就能让所有的男人为之倾倒；她的一颦一笑一回眸，就足以吸引所有人的目光。

具有什么样的条件才算是一个真正有气质的女人呢？首先要柔情，优雅，还要懂得浪漫，更不可少的就是过人的智慧。柔情来自于关爱，来自于善解人意；优雅来自于从容，来自于自信，来自于内秀外美的和谐统一；浪漫来自于纯真，来自于热忱，来自于骨子里的万种风情；智慧来自于阅读，来自于体悟，来自于对生活不倦的追求。如果柔情是一分，优雅是二分的话，那么浪漫就是三分，智慧就是四分，拥有这些才是一个魅力十足的女人。

有气质的女人，气质就是她们的优势；有气质的女人也是一位好老师，她可以培养出好男人，都说"男人通过征服世界征服女人"，而女人征服了男人就征服了全世界。有气质的女人在待人接物、工作学习、友人团聚乃至闺房中的窃窃私语，无不表现出气质的力量。但是气质并不是一朝一夕养成的，它是一种精神的素质。它不是时髦、不是漂亮，也不是金钱所能代表的生活方式，它常常是一种纯粹的细节所衬托出来的点点滴滴，是随着时间而一步步地积累下来的，有着一定的"社会经验。"

[做个有气质的女人]

只靠打扮的女人无论从容貌还是从华丽的衣服都显得俗，看起来总是那么的不自然，有点做作，显示不出一点气质。其实说白了，气质是能力、知识、阅历、情感的一种综合外在表现，来自丰富的、深度的信仰与底蕴，是模仿不来的，是一种女人内涵的表现，有气质的女人都具有素养。

有气质的女人是很自信的。在这个处处充满竞争的社会，那种自怨自艾、柔弱无助的女人已日渐失去市场，所以女人要学会自我拯救和自我完善才能获得幸福，才能在这个社会中脱颖而出。优秀的男人都欣赏乐观自信的女人，因为，一个优秀的男人只有与一个不仅仅只满足于衣食之安的女人共度人生，他的人生才会多姿多彩。幸福对每个女人都是公平的，不管你是美的丑的，都要给自己信心，相信自己是最有个性的，充分地展现你的自信，给自己多加一分气质，也是为自己的幸福加一份保险，学会给自己找立足之地。

在当今，有许多的女人太过媚俗、盲从、虚华、矫揉造作，这样的女人是没有气质的表现，只会让自己在男人心中的地位下跌。

出身豪门，地位显赫的女人并不一定就是富有高贵气质的女人，女人高贵的气质是指心态上的高贵。男人最反感放荡轻浮、心态猥琐的女人。生活中，男人可以做女人的护花使者，但女人本身一定要给男人提供一种信心，这种信心就是让男人放心，而且乐意为你付出他们的真爱，而不是他们嘴上说的"喜欢"，而是他们对你真心说出的那三个字——我爱你。

其实很多时候，女人都爱感情用事，对待友情、事业如此，对于婚姻亦是如此，其实这是阻碍女人幸福发展的致命弱点。古往今来不胜枚举的例子都在证明着，有主见的女人才是男人眼中可爱的女人，任何一个优秀的男人都不会喜欢一个毫无主见的女人；有主见的女人都是幸福的，是有气质的，也是最受男人欢迎的。

有时候感情这件事，不要握得太紧，适当地松开一些也许就是另外一番风景。

女人一个人待在家里，从来不参与丈夫工作上的事务。丈夫是一位商人，他们好像商量好的，丈夫从来不把一切与工作有关的事情拿来与妻子"分享"。

这样的夫妻生活在别人看来也许是不幸福的，但是女人深爱着自己的丈夫，她也珍惜自己。他们之间一切平等，没有隐私，对于自己，她有一颗善良、信任丈夫的心。

丈夫是一位商人，常年在外出差，虽然经常不在家，但他们的感情十分融洽，从未有过一丝半点裂缝。有人问："你不担心他在外面寻花问柳吗？"妻子自信地说："我和他的爱从来都是平等的，从决定嫁给他的那天起，我就给了他信任，我爱他，但从不苛求他，我希望他成功完美，但我不会把自己的一切抵押在他身上，我有什么可担心的呢？"

做个有气质的女人，在情感上还要学会调适自己，不要一味地为情所困，以至让感情取代了生活的全部。做一个聪明乐观的女人，努力让自己的心灵变得开朗豁达起来，即使是一种平淡的生活，爱也会从中走向坚固和永恒。

女人一定要学会培养自己的气质；用培养气质来使自己变美的女子，比用华丽的衣服和胭脂红粉来装饰自己的女子要具有气质和素养。前者使人活得更加的充实，后者却让人的内心变得很空虚。气质从某种意义上来讲其实是美的，它蕴藏着真诚和善良。即使丑的女人，只要她拥有气质美，人们便也不会觉得她丑。虽说前者显得很高雅华美，后者有点俗气朴实，但是无知的美只是外表漂亮，是很难吸引男人并在他们的心底烙上印迹的。

每个女人都想做一位精品女人，但是在现实生活中存在着许多制约性的因素，常常令人望尘莫及。都说精品女人的修炼过程是一种心境、一种平常心的状态，但是，只要做到是一位健康的、爱情的、智慧的、独立的、气质的、心态的女人，那么你就是一位合格的精品女人。

有品位的女人更诱人

[品位成就精品女人]

泰戈尔则说："女人有两种，一种是母亲式的，一种是情人式的。如果可以用季节来比喻，那么，母亲便是雨季。她赠给我们清水和鲜果，调节酷热，又从天上洒下来，驱走干旱，她使人富足。情人式的女人却像春天。它非常神秘，充满了甜蜜的魅力。它从来不肯安分，在血液里掀起浪涛，又窜进心灵的宝库，去拨动它里面的七弦琴上的寂寞无声的丝弦，使肉体和心灵都弹奏出无字的音乐。"

女人是否漂亮绝不仅仅取决于脸蛋，还要看女人潜在的质感，也就是有品位。女人之间的互相欣赏只不过是一些外在的东西；而男人对女人的欣赏则不同，他们更多的是从女人的整体气质上去欣赏。女人漂亮的外表，只会打动男人一时，但女人的品位，会让男人的心动，不是一时，而是一生。

二十几岁决定了女人的一生，二十几岁的女孩子一定要学着细心地保养自己，为了自己的幸福也一定要。不只局限于自己的外表和涵养上，每一个女孩都应该有自己独特的品位，很多女孩会觉得品位与时尚或奢侈品是挂钩的，其实并非如此，品味是一个人去观察事物时的态度；同样的东西，在不同的人眼光下会有迥异的版本，因为一个人眼光的高与低就决定了物品本身的价值，其实并不是物品价值的降低而是她们的品位有差异。

从女人挑选的东西就可以看出她的品位级别。品味是看不到的，只有从实物中来发掘。品味对女人来说是一种无形的智慧和财富。如果说性感魅力是女人外在的美丽，独立自信是女人内在的气质，那么品位格调则是女人价值的终极展现。拥有品位的女人，她的享受价值也就高。自我表现出的品位也是独特的。

品味不受时间的限制，对于女人来说，品味其实也是一种美丽，是永恒的。有钱的女人就有品味，有地位的女人就有品味，这种说法都是不正确的，品位不是靠金钱堆砌而成，而是时间和生活的热情在岁月的流逝中沉淀下来的精华，是一点一滴的生活积累。有品位的女人，即便没有惊人的容颜，没有显赫的地位，她们的品位是不会因为地位的不同而变质的，同样会得到人们景仰的目光。

有品味的女人，她们了解自己，知道什么东西最适合自己，甚至能匠心独具地运用个人品位传达出内心的成熟与丰富。所以，有品位的女人，哪怕没有漂亮的外表，人们看上去也会赏心悦目。

智慧，也是有品味的女人不可少的，大凡有智慧的女人，她们的品味都是新颖各异的；思维清晰、眼光独到、冷静大度，丰富的阅历使她们沉稳、开朗、乐观向上；有品味的女人更懂得怎样去珍爱自己；有品味的女人不但有得体的外表修饰、脱俗的气质、谈吐文雅，而且她们自身还有深厚的文化内涵和修养。

[做个精品女人]

想要做一个精品的女人首先就要身心健康，如果身心不健康，那么还有哪个男人会喜欢这样的女人。有健康才有未来，聪明的女人懂得善待自己，永远把自己的健康放在第一位。都知道林黛玉是个大美人，但是在当代，相信男人们都会选择身心健康、容光焕发的薛宝钗。

一个精品女人必须要有一个良好的心态，无论一个女人多么有魅力，如果缺乏好的心态，将会一事无成。良好的心态的能量是巨大的，也是动力产生的源泉，更是女人面对一切所必备的。心态，从某种程度上来说，是一种圆润成熟的处世哲学，更是伴随女人幸福一生的法宝。精品女人应该心态平和，处变不惊，再棘手的事情也理得清头绪，再大的挫折都能微笑度过。精品的女人是不会到处张扬自己的个性的，她们会很内敛，这样的女人最惹男人喜爱。

精品女人还要有美丽的容颜做基础，有了外在美，才能苛求全身心多方位的完美。美貌是女人做一切事情的敲门砖，在谋生的道路上，会易很多。天生美丽的女人应该好好善待机遇，天生不漂亮的女人要明白：没有丑女人，只有懒女人。

精品女人还要有气质，缺少气质的女人是不能被称为精品女人的。女人的气质是不能够复制的，更不是随便就能造就的，是要有一定的阅历积淀而来的，只有这样才能形成举手投足间不经意流露出的气息。小仲马的《茶花女》中的主子爱上女仆，只因为身为女仆的那个女人气质高贵而又有十足的女人味。有气质的女人其实就算是一个完美的女人，一个女人的气质可以让男人对生活充满信心，给男人以力量和勇气，激起男人挑战的兴趣，有一种净化男人心灵、激励男人斗志潜在的人性魅力。

精品女人不但要有过人的智慧、美丽的外表，还要有灵魂，被附在身体上的，挥之不去的那种灵性。如果美貌使女人光芒万丈，才华会令一个女人魅力四射。如果一个女人只是外表美丽，而没有才华，那么她就是一个花瓶，这样的女人是不被列入精品的。

精品女人还要有独立的性格，不要事事都依附于别人，要有自己的见解，学会自己养活自己，自己对自己负责；只有这样，女人在男人面前才有说话的资格。女人经济独立，才有本钱谈人格独立。人格独立才算精品女人。在事业上有主见，不受他人摆布；在生活上有自己的圈子，不会因脱离男人而孤独。在感情上要敢爱敢恨，明白自己想要什么，缺少什么，该把握的就要去追求，该放手的就要放手。

精品女人还要有吸引人的声音。甜美而圆润或浑厚而有磁性的嗓音，会给人留下美好的回味和无限的遐想空间。声音也是女人的五官，是除身材以外的另一件犀利的武器。如果声音是温柔而甜美的，哪怕是责怪、呵斥，都给人一番天籁般的感觉。声音好听的女人容易被人接受和肯定，温柔甜美的声音是缓解男人疲劳的良药。

　　想要成为一个幸福的女人，就要时时刻刻都记得改变自己，努力让自己去适应社会，而不是让社会去适应你。有品味的女人都具有脱俗的气质，给人的感觉永远是一个谜，更是一个让男人永远都研究不透的数学方程式。女人不是因为美丽才可爱，而是因为有品位才诱人。想要做精品的女人们，为了未来的幸福努力吧！

俗话说："人靠衣装马靠鞍"，服饰具有强烈的社会属性和文化属性，是社会生活中不可替换的一个重要符号，服饰往往能形成巨大的气场，决定社交活动成败的30%~40%。有魅力的女人通常都是善于通过管理自身的服装来掌控给他人留下的印象的。"人靠衣装，美靠靓妆。"每个人都有属于她自己的独特的打扮，而这个独特的装束，是被人们认可的，是有艺术感的。

穿出女人的独特魅力

[做好你的"印象管理"]

很多人习惯从穿着上看人，通过外表我们看到的只能是他们的经济状况、受教育程度、可信任程度、社会地位、成熟度、家族经济状况、家族社会地位、家庭教养背景等，但是却看不出他们这身打扮背后的意义。

说起女人的着装，内容之多，范围之广，款式的选择、颜色的和谐搭配、场合的确定，饰物的艺术佩戴，有太多的讲究，不管怎么做都只有一个目的就是想给别人留下一个好印象。

在日常生活中，有太多的女人穿衣时竟然会把自身的缺陷一览无余地暴露出来，而不加一点修饰，可想而知这肯定不能算好的着装。身高、体重、肤色、头身比例，这些都应该非常清楚，特别是自己的优势，要学会展示。身材有缺陷不是问题，关键是会修饰，最忌对此不闻不问。

女人的气质和特色有时候也是受自身生活的环境、所受的教育和基因不同的影响。女人，有的妩媚，有的婉约，有的干练，有的飘逸，有的清纯……但只要自己明白属于哪一类，再配上适合的服装来修饰自己，那么最美的人将是自己。

　　身在职场中的女人，更要注重自己的着装艺术，穿着也要随着不同的场合而定。白领阶层在工作场合、休闲场合，服装都会有不同的要求。除此之外，得体的妆容也是必需的，绝不能含糊。

[服装搭配宜忌]

　　每个女人的身材是不同的，别人的打扮也许是最美的，也许是你最欣赏的，然而，如果用在自己身上，你会发现达不到自己想象中的那种效果。其实这并不是你的眼光问题，也不是别人的品味太差，而是没有根据自己的身材去度量别人的着装艺术是否也符合自己。

　　她与大多数女性一样爱美。她有一张漂亮的脸蛋，每个人都羡慕她那张脸。

　　但是她的性格与她的那张可人的脸蛋一点也不符，就像朋友们说的"上帝给了一张不符合你性格的脸。"有时候她也只是笑或是摇摇头就过去了。

　　眼看着就是"奔三儿"的人了，她不急朋友都急了，忙着给她介绍男朋友。"玉玲，这个可是个大腕，你再不认真我可要嫁了。"朋友与她说笑着，"好！这次我一定认真行了吧！"她认真地答应着。朋友看着她认真的表现，忍不住想要笑，她说："要不我跟他商量一下，娶的时候可以是我，洞房花烛的时候换成你。"两人不正经地说着。

　　朋友介绍的那个男人，是一位服装设计师，对女人的穿着也有一定的研究。玉玲按着约定的时间找到了朋友所说的"大腕"，她一改以往大大咧咧的架势变得那么的温柔。"请问我可以坐这里吗？"——朋友为她们设定的"暗号"，男人轻轻地抬起头，从上到下打量了一番，只是笑了笑又点点头。玉玲很是奇怪，但是她一句话也没有说，因为她知道自己再怎么打扮别人也不会相信她是"奔三儿"的人，只不过看在朋友的面子这一次才认真的。她想如果这样打扮自己还不行的话，那她就再也不见了。

男人说话了："可不可以冒昧地讲一下你的穿着？"玉玲犹豫了一下，但还是点了点头。"其实你是我见过的最会打扮的女人，也是我见过的最阿Q的女人。"男人看着玉玲不紧不慢地说，"整体上给人的感觉可亲可近，衣服搭配也很适合，颜色也适合这样的场合；但是你犯了女人最低级的错误，明明很瘦却穿那么胖的衣服夸大自己的体型，这么冷的天，如此淑女的长裙却穿着半长不短的羽绒服，本来就可爱的脸却还把眼睛画得那么大，像非主流……"

"停！"玉玲听不下去了，"上帝给了我一张不符合我性格的脸！"然后起身就要走。男人却说："其实你很美丽，只不过是犯了着装打扮的大忌，希望下次再见到一个全新的你。"但是玉玲头也不回地走掉了……后来她单身了。

不是长得不好看，不是衣服不华丽，不昂贵，只是搭配有问题，一次错误，失去了幸福，赢得了赌咒。其实女人都会打扮，关键就是看打扮好之后，让人看起来是什么感觉，别人会给以什么样的评价。有些时尚经不起时间的推敲，然而有些穿着是讲究一些规则的，不合身的穿着会令你的形象大打折扣。

女人的身材和气质都不尽相同，个性与习惯也都各不相同，所以每个人的着装风格都是不同的。但是如果女人肯在每天睡觉前花十分钟，想想明天早上要穿什么出门，配哪条丝巾，戴哪个小首饰，你就会变得越来越美丽，慢慢地琢磨出自己的穿衣风采。每天穿得优雅要经过很多的历练，每天穿得得体只需打开衣柜多想五分钟，在镜子前多站五分钟。每个女人都想要美丽，都想要得到男人的宠爱，所以，就从着装开始，努力打造属于自己的着装艺术和魅力。

寻找爱，
经营爱，
珍惜爱

—————•—————

④

女人把爱情当做自己的生命一样，男人能征服千军万马，但不一定能征服一颗平凡的女人心；女人能抵御一切欲望的产生，却难抵御一丝的委屈入侵心头。女人的眼泪，流进男人的心田，能浇灌干枯的原野；男人的怒气，吹进女人的心坎，会摧残参天大树。女人的生命之源就是爱情，聪明的女人懂得在爱情中寻找幸福，为自己营造一个快乐的家庭。

很多女人都会发现，不管男人是如何地爱自己，当遇到各式各样的美女之后，他们总是管不住自己，把眼光投向那些窈窕淑女。此时女人会讽刺说："怎么着，你眼睛往哪儿看呢！"男人有时候会辩白一声："爱美之心人皆有之。"女人更生气："你是在说我不美了？"一句话压得男人百口莫辩。有时候面对女人在各方面的过严管制，男人也会提出抗议，而女人总是振振有词："你是我一个人的！就是不准你看别的女人，就是不准你关心别人！"但他真的是你的私人物品吗？

占有欲让幸福擦肩而过

[给男人独立的空间]

很多女人都会把婚姻当成最后的情感归宿，但有些女人在结婚之后，会有很大的心理落差。这种落差源于男人的态度，他不再把女人当成自己的中心点，开始要求有自己的独立空间，甚至还会背着女人和一些朋友进行秘密聚会。女人便会在心里打起小鼓，认为男人已经不爱自己或者厌烦婚姻生活了，进而会限制男人的人身自由。但这一来，非但没有让男人回到自己身边，反而使得他们更讨厌回家。为什么越爱他，越会让他想逃离呢？女人想不明白。

雪慧今年刚刚走入婚姻生活。小两口的甜蜜日子才刚开始，就已经出现矛盾了。

丈夫是单位的业务员，经常要东跑西跑的，而且要和各种各样的人打交道。在恋爱的时候他总是哄着雪慧，雪慧有一丁点的不高兴，他马上买这买那，要不然就使劲地逗雪慧开心。但这种情形在两人结婚之后变了。

丈夫不再像从前那样关心雪慧了，而且雪慧还经常从他的手机里翻到各种各样的信息，有些竟然是来自女人的暧昧信息。雪慧很生气，怎么结婚还不到半年，丈夫就不把自己当回事了？这些女人都是什么人？

雪慧把丈夫叫醒，丈夫很不耐烦："为什么翻我东西，那是我业务上的客户！都是些商场上的老女人了，平时不哄着点怎么从她们手里拿订单？"雪慧一听，还哄她们？把我一个人晾在家里，倒去哄别的女人？两人立刻大吵一架。

从那以后，雪慧开始对丈夫的手机格外关心，有时候丈夫晚上喝酒回来，雪慧会偷偷地检查他的衣服，看上面是不是有女人的头发、女人的香水味。她还经常打电话给丈夫，但这使丈夫很反感。终于有一天，丈夫对她大吼："我有自己的事业！不是你一个人的！你以后再这样咱们就离婚！"

雪慧当时就懵了，她不明白，为什么自己这么在乎丈夫，他还会提到离婚？

很多女人不明白，男人要爱情，更要自由。当女人给予的爱使他们感觉到过分沉重时，他们便会想逃离。"享受"爱情则会变为"索取"爱情，两人的感情就开始变质了。男人是独立的个体，而并非女人的私人物品。他们有自己的交际圈，有自己的工作，当女人把索要爱情的触角伸向不该伸的地盘时，男人便会感觉到女人的霸道与无理。而当男人想办法摆脱这种控制的时候，女人就会为自己失去的爱情而加倍讨要。在过分索取与不想给予的争夺间，两人间的爱情早已支离破碎了。

[爱男人身边的人]

要知道，世界上没有人是独立存在的。不管是男人还是女人，他们都有各种各样的社会关系。在决定嫁给某个男人之前，女人要先想清楚：这个男人并不是你一个人的。他在出生以后便以一个儿子的姿态存在了，他是父母晚年的依靠，姐妹们的兄弟；在走向社会之后，他便是公司中的职员，朋友眼中的倾诉对象。在与你认识之前，他就已经有了这么多的社会关系，你怎么能说他是你的私人物品呢？

璟雯这些天正在忙着与一个离过婚的男人进行谈判，男人的经济状况很好，可是男人身边还有一个女儿，这让璟雯很不满意。璟雯给男人下了最后通牒：如果不能尽快处理好女儿，咱们的事儿就吹！男人在求爷爷告奶奶之后，终于把女儿的抚养权托给了前妻。办好了这件事之后，男人就像老了十岁一样，但璟雯不管这些，她说："我自己的清静日子还没过够呢，他带着这么个香油瓶子给我，我怎么办！"

这几天璟雯的朋友婧琪出差到了她所在的城市里。婧琪说起了自己家里的一摊子烂事：婆婆与公公年纪大了，只好接到了城里来；老人刚刚过来，丈夫的姐夫就得了肝癌，姐姐、外甥一家人都搬到了婧琪家里，连客厅里都住满了人。姐夫做完手术之后要人照顾，姐姐留在了医院里，做饭、送饭的事便留给了婧琪，每天上班之前都要先跑到菜市场买只鸡，托邻居大妈带回家之后，中午再赶回来把鸡炖好，打车赶到医院送给姐夫吃，之后再回去上班，下班了还要去接在幼儿园的小外甥，一天忙下来，连梳洗打扮的时间都没有了。

璟雯听后大惊："天啊？你怎么受得了？"

婧琪奇怪地看了璟雯一眼："这不是怎么受得了的问题，而是必须接受的事情，他们都是我老公的家人啊，为他们付出点难道不是应该的吗？"

璟雯当时就怔住了。

当一个男人成为你丈夫时，就要明白：你已经成了丈夫交际圈里的一员，你必须同时学会承担起相应的责任，如果你认为这一切与你无关，也请你不要阻挡丈夫关爱他们的行为。世界上没有人能够独立生存于这个世界上，你的丈夫同时也是别人的儿子、兄弟，如果他连最基本的家庭责任都不想担负的话，你又怎么能要求他以后忠诚于你一世呢？在要求全心全意的爱时，也要提醒自己：他不是自己的私有物品，他的身边还有需要他的人。当你领悟到这一点时，你也就走在了幸福的路上。

　　婚姻本身就是一种契约，在与子偕老的岁月里，有很多时间相濡以沫。要想让婚姻更加长久，最重要的是要懂得给对方自由。由于过分强烈的占有欲而导致婚姻失败的事例在我们身边比比皆是。甚至有些女人会使婚姻与爱情变成一场悲剧，在她们的世界里，爱人是属于自己一个人的，如果有人想觊觎他的爱，想与自己分享他，她会用生命去换取独有的爱情！这样的女人是最傻的，因为她们不懂得，爱情不是拿生命换得来的，而应该是在本就有限的生命里去体现与完成的一种"相伴永远"的承诺。别把爱人当做自己的私人物品，否则你会发现，紧握在手中的爱情在指间慢慢流走。

女人最难以面对这样的境地：爱了、痛了、付出了，最后还是分手了。失恋之后的女人食无味，寝难安，总是在夜里睁着眼睛流着眼泪折磨自己，苦苦追问自己爱情失败的原因。原本爱美的女人再也不想化妆："女为悦己者容，没有了看的人，再美丽又如何？"当初爱的时候，不顾后果，天涯海角都要随他而去；现在失恋了，世界也仿佛随他而去了。女人，其实你忘了失恋后最重要的一件事：你忘了忘记他。

失恋不失态

[你若勇敢爱了，就要勇敢分]

"爱有多销魂，就有多伤人，你既然勇敢爱了就要勇敢分。"如果失恋中的女人听到这句话，恐怕会立刻哭得梨花带雨。可以勇敢爱，但却没有勇气面对分手，爱情又不是拿铅笔写作业，不想要了就拿块橡皮擦掉。爱是深刻在记忆里的往事，爱是甜蜜深邃里的美丽未来。但这一切都在说出分手的那一刻，成了碎片，再也无法找回……

她遇到他时，阳光明媚，当两人目光交集时，她便知道这个男人就是自己生命中的唯一。

开始总是浪漫的，一天几次电话，QQ、E-MAIL、MSN，一向不太喜欢网络的她开始感谢这些平台的存在，从这里她知道了太多他的爱好与过去：他是怎样的人，他喜欢吃什么菜，喜欢穿什么牌子的衣服，抽什么样的香烟。工作怎么样，是不是顺利，有没有过女人走近他的身边？分享了太多他的喜怒哀乐。

他们终于相爱了，她巴不得天天都守在他身边，睡觉时要看着他入睡，醒来了要为他做上可口的早餐。对着他撒娇，对着他耍赖，她突然发现，原来爱情是这么美丽的事情，亲吻与拥抱间，对他的依恋与日俱增。

心甘情愿地为他做一切，他不回来，家中的灯永不熄灭，怕他回来了看不到等待的目光。她巴不得把自己的所有都奉献给他，只要他要。她毫不保留地爱着他，却忘记问他是不是爱得起。她开始害怕，害怕失去。

于是越来越紧张他，总是不停地问他爱不爱自己，在他不耐烦地回答中，她仿佛听到了爱情离去的脚步声。他与别的女人说笑她会生气，她希望在他身上寻找出蛛丝马迹，可以证明他晚归的原因。

爱太沉重，压得他喘不过气，他不再想回家，不再关心她，不再想爱她。

她试着挽回，但他却一句"对不起"，一句"分手吧"，一句"不要再联系"为这段感情画上了句号。

她的世界开始崩溃，眼泪主宰了一切，看着曾经共同生活的家，她无所适从，以后怎样开始，怎样面对一个人的世界，她不知道……

有爱的女人是美丽的，失恋的女人却总让人无法面对。看着失神落魄的女人，仿佛她的整个精气神都跟随着那个负心的男人一起离开了，让人心疼却又愤怒：他是你的整个世界吗？如果是，你为什么不是他的整个世界？女人，你在这场爱情里一直处于下风，为什么还不早早醒悟？也许他早已将你忘记，开始寻找下一段爱情了，而你还沉浸在往事里无法自拔。爱情就像一扇门，总有一个人要先离开，不管是相伴终生还是无法长久，都是必然的。为什么不把自己梳洗打扮好，勇敢地鼓起勇气迎接单身生活呢？茫茫人海里总会有一个人在等待着你，准备陪伴你到终老的。

[正视自己，释放失恋]

没有经历过爱情的女人是不完美的，没有失恋过的女人不会懂得爱情的珍贵。如果女人能将失去的当成教训，让自己不再犯同样的错误，也许下一段爱情会开花结果，而非再一次夭折。正视自己，释放失恋，让时间掩埋失恋的痛苦，寻找另一处美丽的世界，这才是聪明女人会做的。

清菡觉得自己的爱情故事就像一出戏剧：先是一见钟情的快乐，之后是飞速的同居生活，然后男朋友被别的女人所吸引，潇洒地挥一挥衣袖走了，这个懦弱的男人连当面说"对不起"的勇气都没有，只是将清菡送他的礼物都放在房间里。

回到家里面对着一片狼藉，清菡真想大哭：知道他早晚会走，但没有想到竟然会这么快，走得这么干净，连句话也没有说。清菡站在浴室里让水淋湿了自己，她不想让自己为这个负心的男人流一滴眼泪，哪怕只有自己看到，这眼泪也是屈辱的，他根本不配！

于是生活依旧，每天一样的上班下班，一样的装扮嫣然，清菡强作镇定的模样让朋友心疼不已。她们劝她："想哭就哭吧，别憋坏了身体。"清菡总是苦苦一笑："哭什么？哭自己命不好，让一个坏男人跑了？我应该笑，如果结婚后才发现他是这样的男人，我是不是更应该哭？"朋友们被她的理论所说服，于是都不再安慰她。

其实心里的痛只有清菡一个人知道。终究是一起生活了那么久的男人了，就这么一声不吭地走了，把自己留在那间空空荡荡的房间里。

一天夜里醒过来，面对着漆黑的房间，清菡习惯地说了一句："宝贝，有点冷。"身体往那边靠，她突然清醒过来：那个给过自己温暖的男人已经不在了！于是心被撕裂的痛弥漫开来，清菡号啕大哭，把憋了好久的伤心与气愤都哭了出来。

哭完之后的清菡知道，自己已经把他放下了。失去了就是失去了，总有一天会遇到比他更好的男人！她这样鼓励着自己。

第二天，打扮整理好的清菡迈着自信的步伐走向了未来。

不管失恋的原因是什么，也不管是如何的坚强，在女人心里这场失恋都不亚于一场山崩地裂的灾难。但伤心之余你也要明白：怎样的撕心裂肺都换不回他分手的决裂，苦苦纠缠只会让他感觉离开你是正确的选择，为什么不能让自己从容一点，告诉自己不管曾经怎样的付出，都已经成为过去了。理智一点，相信自己总会在生命中的另一处遇到自己的另一个"他"，等到那时，再回眸想一下今日的伤心，你定会发现，伤心已留在了过往。

　　女人总是将男人当成自己的所有，将爱情当做事业来经营，一旦分手便感觉自己失去了整个世界。那时的痛再不像平日与他吵架时所带来的伤痛那般容易遗忘了，这种失恋的痛里有被遗弃的愤恨，有为青春流逝的不值，更多的是为他离去后的空荡和伤心。失恋后的眼泪并不耻辱，没有眼泪的失恋还算什么失恋呢？只是流泪之后要记住，你仍然需要将微笑重新挂上脸庞，因为你不知道什么时间、什么地点你会遇到另一个心疼你的人。让自己放手，让自己重新品味一个人的生活，让自己勇敢地面对没有他的日子，告诉自己：有他的时候自己可以做美丽的花，没有他的时候自己要长成一棵坚忍的树，在坚强中释放自己的妩媚。等到失恋的伤痛被时间所掩埋时，你就会发现：原来我也失恋过。

世间万物衍生千万个不同的思想，但有一种思想却总是让人向往却又很清楚地明白这种思想的不可能性：完美主义。但许多女人却把完美主义当成爱情的信条，想要完美的男人、想要完美的爱情与婚姻，她们忍受不了日常生活中影响完美爱情实现的各种想法与阻碍，妄想将伴侣打造成无可挑剔的完美存在。但她们却忽视了完美只是虚幻的代名词、就连拼命追求精确的科学理论都要以各种各样的假设与前提作为基础，完美只是一种乌托邦式的想象，而当女人将爱情以完美主义来衡量时，毫无疑问会衍生各式各样的爱情痛苦。

接受爱情的不完美

[爱情，原本就无法完美]

女人总是天真善良的，她们怀揣着单纯美好的愿望，渴望遇见心中的完美情人，渴望他能将自己带离这平凡而又无趣的生活。于是，在一心追寻完美爱情的同时，也苦苦苛求着自己与伴侣，使得原本快乐的爱情衍生了无数的挫折。

凌丝是个完美主义者，这一切与她的出身、外表无关。她喜欢绝对而又单纯的事物，比如：总是一尘不染的白色、百分百的布料服装、百分百的蒸馏水。她最讨厌将两种不同的东西混在一起，哪怕是成分相近。

凌丝知道这种状态并不好，她有时候也会学着向朋友们妥协，但妥协的最好方法就是闭口不言，她知道朋友们并不喜欢她的苛刻。凌丝试着接受朋友们的不完美，但爱情除外。

在与男友相识之后，他们互发短信、互打电话，有时会去公园中散散步，从无意间的一次碰手开始，凌丝知道自己爱上了这个男人。

但她要的是完美爱情，她希望自己的男友是个完美的男人，她开始在朋友与亲属之间收集他的各种信息，有没有谈过恋爱？有没有过分亲密的女性朋友？有没有不良嗜好……然后整日整夜地研究这些信息，并从这些信息中归纳总结出是不是有什么可疑的蛛丝马迹。

她还试过偷偷地跟踪男友去公司，但整整一个星期，凌丝都发现除了给自己打电话，男友没有和任何女人过分亲密的接触。而凌丝也试着用不同的号码试探男友，但男友都经受起了诱惑，总是以拒绝的口气告诉别人自己有了意中人。

凌丝终于满意了，她相信这就是自己要找的完美男人。终于到了决定性的阶段，凌丝把自己打扮的无可挑剔，约男友去了一家情调非常好的咖啡厅。

凌丝问男友："你爱我吗？"

得到的回答是肯定的。

"你是百分之百的爱我吗？为了我什么事都可以做，什么都可以放弃吗？"

男人犹豫了一下。

但就是这几秒钟的犹豫，凌丝决定要放弃："他不是百分百的爱我，这不是我要的完美爱情。"

当晚凌丝决定与男友分手，理由很简单："你对我的爱不完美。"

于是在周围的朋友都迈入了婚姻殿堂、生了小孩之后，凌丝还在苦苦等待着她的完美爱情。

"完美主义等同于瘫痪。"英国首相丘吉尔曾经这样评价完美主义。爱情本来就是两个原本毫无关系的人走到一起接受对方的事情，各自的人生与经历都有所不同，在接受对方的过程中肯定也会遇到各种各样的挫折，但如果想要在爱情上再加上完美主义的强压，那两个人的相处过程肯定会更加不易。追求完美并没有错，但如果总是要求对方做到完美，便会使爱情产生不必要的痛苦，要知道，接受对方的不完美才是真正的爱。

[残缺的爱情更长久]

完美是所有人类梦想到达的境地，但没有人能够做到：连万能的上帝都会犯错，更何况身为平凡者的我们？既然完美是那么难以达到，那为什么不让自己接受世间的残缺呢？其实爱情本身就是个非常美好的词汇了，当你拥有爱情的时候，你就已经近乎完美了，又何必非去要求什么完美爱情徒添烦恼呢？

靖之和许多普通的女孩子一样，希望自己能找到美丽的爱情。在王子与公主的完美爱情故事中长大的她对自己的另一半有着梦一样的期盼：帅气的外表、良好的家世、过人的才气、出众的勇气，这一切的一切铸就了靖之的爱情幻想。

有个不错的男孩出现在她的视线里，靖之第一眼看到他就感觉他便是自己的完美情人。她决定与男孩试着做朋友。

交往一段时间之后，男孩子也被靖之所吸引，他表白了自己的好感之后，靖之决定接受他："好男人可不是随时都会出现的，再说他已经很完美了。"她这样安慰着自己。

但时间久了，男孩的缺点也一点点地暴露了出来：他喜欢抽烟，而且总是在与靖之约会的时候抽，靖之要求他戒了，但男孩烟瘾很大，一时半会儿根本戒不掉；男孩喜欢吃臭豆腐，每次吃完之后靖之都会感觉有些恶心，她一直认为那种东西脏得要命，连看到都要赶快跑开；男孩喜欢与朋友喝上几杯，但靖之却觉得朋友聚会应该是平和的，而不是在酒桌上大呼小叫地拼酒。看着酒桌上男孩通红的脸，靖之心里犯起了嘀咕："这真的是我的完美爱情吗？"

她把疑问向闺蜜说了，闺蜜却以看外星人的眼光盯着她："你完美吗？"靖之脸红了："当然不了，我毛病多着呢！""那他嫌弃你了吗？""没有……""那你计较什么？""我觉得这样的爱情不是我想象中的……""我还总是想象我是个大歌星，站在红馆里唱歌呢！想象跟现实是两码事，你爱他吗？""爱，当然爱！""爱不就结了？爱本来就是要接受对方的缺点的！"

靖之这才醒悟了，原来爱情也可以不完美。她终于了解到，真实的他才是自己的爱，残缺让自己的爱更真实。

世界上没有完美的东西，连天地都有残缺，更何况是如此贴近我们生活的爱情？如果将一个天神一样完美的男人放在你面前，女人，你敢爱吗？面对那样的完美，你会不会因为自己身上的不完美而发现你们的爱是这样的不配对？要知道，我们都追求完美，但生活里的残缺却让爱人的形象更真实。将完美主义拿到现实生活中，只会为自己的爱情衍生无尽的痛苦，甚至令我们迷失自我。试着接受残缺的爱吧！

世界上不可能有完美的东西。如果我们一味地追求完美，那便是在用完美扼杀我们的幸福，正如一个古老而又有名的故事所说的：一把锈迹斑斑的剑原为稀世珍宝，但当追求完美者将剑上的锈斑磨去时，宝剑却已不再珍贵，甚至连最基本的功能也失去了。所以，女人，你必须了解：我们的生活之所以如此鲜活值得留恋，完全是因为生活中有各种各样的残缺才能这样美丽。沉浸在完美主义里的女人们，醒过来吧！不要让完美扼杀了已经到手的幸福！

爱情不会总是一帆风顺，总是会不时地出现各种各样的岔路口。也许爱上的是个有夫之妇，也许自己的爱情是错综复杂的三角恋，面对这样的岔路口时，女人总是会被情感所牵绊：走吧，放不下深爱的他；留下，另一个女人的虎视眈眈让你心寒；也许还有更可气的，男人在一边当起了缩头乌龟，冷眼观看这场因他而起的爱情争夺战。女人心中的伤痛被拉扯得更深，但理智者总会清醒过来：不是爱已到了尽头，而是我该转身了！

爱情面前要拿得起放得下

[放手是成全]

遇到不顺利的爱情时，女人总是会痛入骨髓：曾有过的感情真的如流水般无法挽回了吗？沉浸在失败中的她们总是忘记了生命原本就是一条河，它沉淀美好的，带走痛苦的。途中总会有挫折，但那处让自己摔倒心碎的地方并不是生命的尽头，而是这段爱情的转身处。懂得放手，让自己有别的选择，是最好的治疗伤痛的办法。

男朋友的行为突然开始不正常起来，原本不喜欢工作的他开始加班了，每天晚上10点多才回家，一到家就蒙头大睡，静香和他说话，总是没几句就不耐烦了。电话也总是关机，还特地放在枕头边上，有时候接电话跑到厕所里，开着水龙头。静香想：他怎么了？

在一次网上浏览的时候，看到"男人出轨的表现"，再一对照男朋友，静香便知道问题出在哪里了：男朋友有外遇了。

静香是个理智而贤淑的女人，她没有专门去调查，而是晚上等男朋友回来之后直接摊牌问了他。男朋友没有想到静香竟然会这么冷静，他一句一个"我对不起你"，将事情缘由讲了出来。

原来男朋友的初恋女友回来找他了。当时两个人也是爱得天昏地暗的，女人因为家庭的反对离开了男朋友，但男朋友还是深爱着她。前段时间，女人婚姻遇人不淑，又想起了男朋友的好，便直奔男朋友身边来了。这些天的晚归就是去陪她了。

静香听得头大："什么'你爱我、我爱你、你爱她、她不爱他'的，总之一句话，她遇人不淑，我也好不到哪儿去。那好，问你一句话，你爱她还是爱我？"

男朋友头低下来了："我和你过了这么久有感情了，但心里还是放不下她……"正说着，电话响了，男朋友接了电话就奔厕所了，这次没开水龙头，声音里的温柔让静香心里发寒："我也伤心呢，你怎么不安慰安慰我？"她知道，这个男人不是自己的了。

男朋友出来之后，面带愧色："她突然听到屋子里有怪声音，害怕了……""去吧！"静香一摆手。男朋友立马跑了出去。

这样的男人还要他干什么？静香开始打包自己的东西，爱情没了不重要，尊严不能也丢了！既然他们相爱，成全他们吧！自己不要别人怜悯的爱情！做完一切之后，静香在床上留了一张纸条：祝你们幸福。

放手不是失败，也不是说这段爱情再也没有美好的地方，而是美好已经过去了。聪明的女人总是会明白，不管自己再怎样有天赋，再怎样招人喜欢，但那个男人眼中已经不再是自己了。面对爱情被分享，再想想自己的优秀，你便会怒气大发：我比谁差吗？为什么要与别人分享同一个男人的爱？于是被嫉妒冲昏了的头脑开始清醒过来，意识到那个男人已经不再值得自己留恋，进行优雅的转身，将过去留在身后，然后告诉自己："谁敢说我的下一个男人不如他优秀呢？"成全他们，也成全自己，找一个只爱自己的男人吧！

[转身之后的爱情更美丽]

一旦爱情遭遇了三岔路口，女人面临的就是伤害。不管男人是选择你还是选择她，都会在彼此心底留下一条伤痕，因为你们的爱情曾经经历了这样的考验，而男人竟然还在考虑之后才选择了你。是要放手，还是要留下，这是个选择。也许放手会失去很多，但谁敢说转身之后的爱情就会因此而枯萎呢？

芷文婚后和别的女人一样，天天围着老公孩子转。她长得很漂亮，而且儿子聪明可爱，老公也很帅气。但朋友们并不羡慕她，原因很简单：芷文的老公在外面有别的女人。好心的朋友提醒芷文，但她不想听，总是一副"是我的抢不走、不是我的留不住"的样子，平白无故地让朋友们感觉自己是个八婆，在挑拨人家夫妻间的关系。慢慢地朋友也就不管了，反而对自己的老公看得更严了。

终于芷文家"起火"了，丈夫爱上了一个新新人类，要死要活地和芷文离婚。朋友们听后都跑到了芷文家里帮她出主意，大家的一致意见都是：不能放过这个没良心的，非得搞得他名声坏掉不可！但芷文又把朋友们劝她的"金玉良言"丢在脑后了，她反倒没事儿人似的。朋友们问她怎么想的，她说："离就离吧，空留着他也没有用，反而会让他讨厌。"这个女人真不知道该说她善良，还是说她太傻！

朋友们都在唉声叹气地看着一个人辛苦带孩子的芷文，并对自家老公的看管更严了！芷文的结局每个人都看到了，谁愿意变成那样的女人。

谁知没过多久，芷文的老公又灰溜溜地回来了！朋友们都劝芷文：不能接受他！这又不是旅馆，凭什么他想来就来，想走就走？芷文又笑了："回来就回来吧，反正他是孩子的爸爸！"

问她老公回来的原因，芷文说老公哭着喊着离婚，他没想到这么顺利就离了，完了之后准备找那女孩结婚，人家连面儿也没见他，就甩给了他一句："你房子、钱都留给了老婆，让我养你吗？"他才意识到芷文的好，又回来求芷文的原谅了。

面对芷文转身后这样的结果，朋友们不知道是该庆幸还是该惊叹。但有一点很明显，芷文的老公再也没有找过小女生去搞什么浪漫，成了一个标准的好丈夫。

有时候，男人会受不了诱惑，因而在两个女人间进行所谓的艰难选择。如果女人这时对他苦苦纠缠，反而会让负心的男人感觉到女人的爱并不是那么珍贵，从而对女人产生轻视，去追求自己眼中高贵的爱情。但如果面对女人从容地转身，男人会紧张：她没有那么爱我，从而正视女人的感情。男人能选择自己当然好，不选择自己也不用害怕，因为你失去的只是一个不值得留恋、不珍惜自己的男人，说不定你转身之后，便会遇到那个真正怜惜你的人。

生命中总会有挫折，总会有不如意，但那不是尽头，只是命运在适时地提醒你：女人，该转弯了！当遇到不如意的爱情时，何不停下追逐的脚步，想一下是否还有回转的余地，如果真的已经无路可走了，便转身寻找另一条出路，不再为无法挽救的爱情付出无谓的青春。但通常在那时，女人会太沉迷于其中，让自己深陷于痛苦的沼泽中。其实，到了那一步时，不妨告诉自己：放手并不是失败，只是为了寻找更美好的爱情；转身也不是为了逃避，而是为了遇到更大的希望。女人，当爱情遭遇三岔路口时，别忘记了告诉自己：转身也会遇到爱。

女人都喜欢玩爱情猜猜猜的游戏，运气好时，自己猜对了男人的感情，而男人正好也钟情于自己，于是便开始了两情相悦的花前月下。运气不好时，便会出现各式各样的复杂爱情，你爱的人不爱你，你不爱的人却偏偏爱上了你，于是，在这爱与不爱间，也便多出了许多无谓的奉献与牺牲。有些女人在自己苦苦奉献之后，会哭着追问不被接受的原因，回答总是一句："对不起，我无法爱你。"于是，沉沦于爱中的女人开始明白，原来爱情与感动无关。

凭感觉而不是感动

[让爱情远离感动]

再美丽的爱情也会被岁月磨去光洁的外表，只剩下日日相对的厌倦。爱情之所以产生厌倦还能够继续下去，究其原因，是因为在爱情中总有一个人在持续的付出。于是想分手的念头再也不好意思开口，怕伤害那颗无辜的心。但不爱了终究是不爱了，时间长了就会发现：自己只是被他对自己的好所牵绊，爱情早已变成了对这种好的感动之情，而非刚刚开始时的心动。

大家都知道忆彤有个对她很好的男朋友，对她知冷知热的程度让所有女人都忌妒。两个人只是刚刚开始谈恋爱而已。男孩追了忆彤三年，在毕业前夕，男孩订了一百朵玫瑰，蒙蒙细雨中，在楼下站了三个小时。宿舍里的朋友都心疼地看着这个痴情的男孩，她们纷纷责怪忆彤："你的心也太狠了，这么好的男孩，要是我，早就接受他了！"

忆彤不是心狠，而是没有那种感觉，男孩是很好，每天来接自己，放学了就等自己，哪怕自己躲着他，他也会将自己喜欢吃的东西托朋友带给自己。但她总是找不到接受男孩爱的理由，看着楼下全身都已被小雨打湿的他，忆彤心里升起了一阵感动。

下去吧，下去吧，你应该满足了！心里有个声音对自己这样说着，忆彤想，也许自己真的应该满足，女人这一辈子不就是希望有个男人全心全意地对自己好吗？三年的时间够了。

于是下楼，接过那一束玫瑰，楼上的女孩都开始欢呼雀跃，仿佛那个接受玫瑰的人是自己。

恋爱开始了，男孩比从前更疼自己。但忆彤依然找不到那种心动的感觉，有时候看着坐在自己身边的男孩，她竟然没有意识到自己已经接受了他，而每一次的牵手都会让忆彤害怕，她想："我喜欢他吗？"没有答案，因为她不敢去想那个答案。

毕业的日子终于来了，男孩约忆彤出去谈谈。两个人坐在阳光下，忆彤知道男孩有话要对自己说。果然，他吞吞吐吐地说，想带忆彤回去见见父母。当时，阳光是那么灿烂，但忆彤开始从心里发冷："我都干了些什么？我伤害了一个不应该伤害的男孩。"

面见家长意味着男孩已经把自己当成了结婚的对象，而忆彤却并没有在心里真正地接受过男孩。她借口头疼，回到了宿舍。男孩买来了药与零食托人带给她。看着床头那一堆的东西，忆彤知道是时候对男孩说分手了，因为他们的爱情里只有男孩单纯的付出，而忆彤只是个接受者。她只是被感动了，而不是爱上了。

女人希望自己被人爱，但女人也希望自己能够爱上别人。只是接受别人的爱就像是一个观看别人吃冰淇淋的过程，虽然羡慕冰淇淋的甜美，但自己却无法品味到。爱就是爱，不爱就是不爱，爱情里没有"可能爱"这个概念。如果只是因为被男人感动才接受他，认为日后这种感动会转化为爱情，那你就错了。因为这样的爱情已经变味了，爱情的甜蜜被你的自私变成了一场不公正的接受与付出。

[爱情要感觉]

幸福是所有女人期望得到的人生嘉奖，爱情的甜蜜与苦涩都是女人想要品尝的味道，在五味俱全的爱情里得到幸福会让人回味无穷。但爱情有时候很像期望值，期望越大，失望也就越大，在寻找爱人的过程中，感觉是个可遇不可求的东西，两个人的爱情都需要得到对方的回应才会快乐，而在回应的过程里，感觉是最重要的。跟着感觉走，抓住爱人的手，这才是女人想要的。

她是个小小的银行职员，每天坐在玻璃后面点钱、数钱。而他是银行的押运人员。她总是很害怕这些拿着枪、一脸戒备的高大男人，而每天的接钱工作，也成了银行里年纪较大的姐姐的专职工作。某一天，老大姐生病了没有来上班，她只好担起了接钱的任务。

走近再走近，看着那些男人下车，在银行周围扯上警戒线，然后再警惕地看着周围，她心里一阵发紧。她不愿意看见他们，因为他们让她相信人世间有邪恶的存在。

女孩提起钱箱，也不看他们的脸，便往银行里走。纤弱的她有些摇晃，快倒的时候，男人扶住了她。抬头一看，便再也无法自拔了：那是怎样的一张脸啊？写满了坚毅与关心，眼神那么明亮地看着自己，她的脸上浮现出了红云。

他们走了之后，她竟然有些失望。于是日后总是希望能看到他。老大姐的工作也被她抢了，因为想要见到他。老大姐很惊讶这个胆小女孩的变化，仔细观察了一段时间之后，她看出了端倪。

与女孩商量：介绍给你吧，挺好的小伙子，还没有对象呢！当过兵，可以考虑考虑！她的脸更红了。老大姐笑了：有什么不好意思的，男大当婚，女大当嫁，应该的！

于是两人开始约会，开始说着见对方的第一眼，原来并不是只有她一人有心动的感觉！她开始庆幸，总听别人说爱情是怎样的感觉，而自己终于知道了什么

叫爱情的感觉。

生活中让我们感动的人太多了，而让我们有感觉的人却少之又少。在茫茫人海里看到那个他，终于懂了什么叫"曾经沧海难为水，除却巫山不是云"。爱，原来就是瞬息间的心动，原来是只肯为他而美丽的心情，原来是看到那张熟悉的脸之后的快乐，于是才明白，爱情与金钱无关、与感动无关……

现代社会，物质条件的日益丰富反而使人们感觉到精神上的空虚，于是，各式各样的人开始在爱与不爱的模糊中去感受自己的存在。很多时候，爱与不爱都能被人们所分清，但面对爱与感动时，女人们却总是会犯起糊涂。怎样的感觉才是爱情？他对自己的好让自己心里温暖不已，那还不能算是爱情吗？当然不算！那是一种被爱的感觉，而不是爱的感觉。爱，是即使两人身份悬殊、仍然能够感觉到彼此间心意的存在，是相信爱情会带领自己走向幸福的信心。对于分不清爱与被爱的女人，我们只能说：爱情，与感动无关。

经常会在报纸上看到这样的信息：某女因为与男友分手，决定结束自己的生命。每次都会为这样的痴情女子扼腕叹息，究竟是什么样的爱情会让女人沉沦到放弃自己的生命？怎样的男人值得女人结束自己的青春年华？女人为爱而生，又因爱而亡，难道真的是上天赋予的诅咒吗？为了爱情将一切抛弃，独身一人赴黄泉，那年迈的父母谁来照顾？难过的朋友谁来安慰？为了爱情而做出各种牺牲甚至付出生命的女人让人哀其不幸、怒其不争。

别为爱做一味的牺牲

[爱情的悲剧，以结束生命上演]

最动人的爱情总是以相伴终老为结局，最悲伤的爱情却总是以鲜血与生命的代价让世人触目惊心。痴情的女人想要挽回已经逝去的爱情，于是决定以生命来威胁男人回心转意，当男人对此并不在意时，女人便决定：我要让你终身后悔！惨剧就这样发生了……

女人已经半个多月没有见过自己的男人了，她放不下，于是去到男人单位里找他。

路上女人想了很多，前一段时间的吵架是自己不对，自己应该让着他的，他在单位里工作那么忙，不应该回家了再气他。她在心里暗暗嘟囔着。

女人视男人为生命，是他把自己变成了一个真正的女人，她敬他，虽然自己总喜欢使小性子，但女人总是感觉男人是疼自己的。

这次的吵架不同于往日，男人将女人辛辛苦苦支撑起来的饭店背着女人盘给了亲戚，女人不懂男人为什么这么做，她和男人大吵起来，而男人面对女人这样的反常，只是轻轻地说了一句："别在这儿丢人现眼！"

也就是这句话伤了女人的心，自己生气还不是因为他把饭店盘给了别人吗？自己支撑饭店不是为了让家里过得更好吗？他怎么能这么对自己？

于是女人回了娘家，一直没有见男人来接自己，女人不放心，回家一看，还是自己走时候的样子，一点没变，于是她决定到单位看看男人。

没想到这一去，竟然决定了她的命运，一切似乎都在冥冥之中早有定数了。

到了单位的宿舍，敲门，叫名字。里面有人在说话，她听到开门的声音。

一个女人站在她面前，用挑衅的目光看着她，女人的背后，男人正躺在床上，连动的意思都没有。

她发了疯一样揪住女人厮打了起来，男人立马站了起来，一巴掌挥过去："滚！"

于是，心也被打碎了。她知道男人不可能回来了。

"你跟我走！不然我就死！"

"要死也死远点！别让我看见！"

女人回到家里，打开了杀虫剂的瓶子……

等到男人接到噩耗回到家，看到的是覆上白布的女人与一张纸："我死了也不想让你看见。"

有时候女人为爱会做出许多傻事，但最傻的莫过于将自己的生命抛弃。爱不在了，就选择离开吧，但不要以这种方式。要知道，世界上还有很多美好的事情值得你留恋，为什么非要走最极端的那条路来伤害自己与爱你的人呢？女人，面对来自爱情的伤害，请把持你的理智，要知道鲜血的代价也许会让那个男人后悔，但你已香消玉焚、再也无法看到了。

[别为爱不当的付出]

恋爱中女人是盲目的，她们只听到爱人的声音，只看到爱人的脸。爱人一句："你穿这件真好看！"那件衣服立刻成了自己的最爱；爱人一说哪个颜色最适合自己，马上所有的东西都换成那个颜色。她们对男人言听计从，总是希望自己在男人眼里是最美丽的那个，于是，当爱人对自己下令时，女人也忘记了用理智分析一下他是否考虑到了自己的利益。

如曼是单位里的会计，工作能力很强，一直很受老总的赏识。而单位里的未婚男子也将目光纷纷投向了她。在众多追求者中，她看中了长相帅气的建豪。

建豪是单位的业务员，但业务能力一直上不去，很多人都劝如曼说这个男人总是喜欢花言巧语，不像是个可靠的男人，最好不要交往。但如曼不听。她被建豪的俊朗外表所吸引，而且建豪不像单位里那些呆小子，他们只会请你看个电影什么的，哪像建豪，总是会带自己去一些比较有情调的地方，像咖啡厅、迪吧等地方。在被建豪的浪漫所吸引时，如曼也开始慢慢地将生活的重心从工作上转移到了爱情上。

单位的业务员平日里出去跑业务都是公司包吃住的，这次建豪出差回来之后拿了一大把的发票来找如曼帮忙报销，他说这些都是与客户来往时请别人吃的，也算是公款公用，但出纳不给自己报。

如曼一看数目不是太大，便找到了平日里关系不错的出纳员，但出纳却说公司里有规定，不能请吃请喝，这些费用根本不能算出差费用，不能报销。

如曼感觉出纳很不给自己面子，她非常生气，当众与出纳吵了起来。正好老总经过，问了事情的缘由之后，狠狠地批评了如曼与建豪。

这件事以后，如曼感觉自己越来越不受老总重视了。她正在发愁，建豪给她出主意了："你看，你这么勤劳工作还被老板给骂了，要不然你在做账的时候动点手脚，咱搞点钱就走吧！"如曼起初不肯，但建豪说的次数多了，如曼便决定要做。

只是在账上少写了一个零而已，二十多万的款子到了如曼的手中，她与男朋友正高兴地打算拿着钱远走高飞，但单位里已经查出账目出了问题。如曼与男朋友同时被捕了。

在受审讯的过程中，如曼一直没有供出建豪，但建豪却一口咬定是如曼在做假账，自己与之无关。如曼知道了之后一声长叹："我把自己给毁了！"

爱情当然需要付出，没有了双方的付出，爱情便不会再甜蜜。容易被情感所操纵的女人在付出时，也要考虑什么样的付出是应该的，什么样的付出是不能够触碰的。如果为了盲目的爱伤害自己、甚至触犯法律，那么你的爱情也会因为受到了玷污而不再美好，等到悔之晚矣的时候你才会明白，原来他一直都在想着如何满足自己的利益。

爱情是伟大的，许多女人因为拥有了爱情而重生；爱情又是渺小的，与爱情相比，生活里有太多其他值得我们珍惜的事情。在拥有爱情的时候，擦亮自己的眼睛，不要让自己的痴情成为伤害自己的工具；在失去爱情的时候，也不要过分伤心，更不需要用生命来告诉对方自己深爱着他。要知道，为了一个不爱自己的人而伤害自己、甚至牺牲自己的生命根本不值得。只有坦然而理智地面对着爱情的得与失时，女人才会更自信更快乐。好好活着，善待自己，告诉自己得之我幸、失之我命，没有了谁地球都会继续转动，这才是对待爱情的正确态度。

爱情里无非有两种结局：或厌倦到终老，或怀念到哭泣。女人总是希望自己能与男人过上厌倦到终老的日子，但有时候会事与愿违。开始的时候总是甜蜜的，但慢慢地，习惯了，厌倦了，背弃了。直到有一天，青春逝去，再回头看看曾经拥有过的爱情才发现，原以为不可失去的爱人，原来也可以被遗忘到无法想起容颜；原以为不会长久的爱情，却在相互体谅间相伴到如今。女人在领悟的那一刻开始成熟，她知道，自己在与爱情一起成长。

在成长中感受爱的收放自如

[在爱情里学会体谅]

　　女人总是将爱情想象的太过完美。当面对生活中平凡的他时，女人总是会有一丝丝的失望。期望中的他是个很懂得体谅的人，谁知他却是这么木讷的一个人！于是开始不满。看到他为自己所做的一切，总是会不满意。但在日积月累间，女人开始心疼男人，开始学着体谅他的辛苦，开始明白平平常常才是真。

　　也许爱是需要不断成长的，从成熟到不成熟，从不懂事到懂事，她是这样以为的，因为她与志泽的爱情就是这样一步步的成长起来的。

　　从前的她总是太过骄横，身为家中的幼女，她不太懂得体谅别人。在接受了志泽的爱之后，她从来没有因为男友对自己的付出而有一丝一毫的感动，而总是以为这些都是他应该做的。

　　爱一个人很累，这是闺蜜告诉她的。她听到这句话的时候很惊讶，总以为那是电视里的女主角故意叹息给观众看的。现实里的爱情怎么会让人感觉到累？闺蜜看着她惊讶的样子笑了,她说:"你之所以感觉爱情很轻松,那是志泽一直在苦苦经营着爱情,而你,一直是甜蜜爱情的享受者。"

说来也是,她和男友在一起两年了,从来没有主动地关心过他,倒是他,每次下雨都会开了老远的车去接自己下班;想吃哪里的零食了,告诉男友一声,他马上就会买回来。有时候生病了,他会整天守着自己,看着男友那张发愁的脸,她都会笑话他:"我又不是要死了,你为什么愁成那样啊?"现在想想,那时的自己不明白什么叫牵肠挂肚,所以也不懂得男友对自己的付出。

后来,她因为小事与男友大吵一架,男友竟然哭了起来。看着一米八几的汉子在自己面前哭,她竟然心里非常心酸,男友曾告诉过自己,从记事起,他就再也没有哭过了。这样一个大男人竟然为了一件小事在自己面前哭得稀里哗啦。

再后来,她开始学会体谅志泽,她开始明白为什么闺蜜说爱一个人很累。因为她开始知道自己晚归时,男友茶饭不思的感觉;看到男友开心,她也会开心;看到他生气,她也会让自己义愤填膺。

男友开始惊讶于她的变化,他不明白为什么这个不懂事的女人现在对自己这么好了。在男友生日的时候,她决定给他一个惊喜。对习惯早睡的她来说,在他加班的夜晚等他不是件容易的事,当她熬红了双眼等到他回来,猛然打开灯祝福他生日快乐时,男友竟然抱着她说不出话来。

她想,自己的爱情应该是成功的,因为它教会了自己怎样去感受爱,怎样去体谅对方。

作为社会的支柱,男人很辛苦,女人不能指望所有的男人都能在辛苦工作了一整天后,还有哄老婆开心的力气。女人也要学会去体谅男人,男人在挣钱养家的时候,就是在尽着他的责任,而女人也应该尽一下自己作为女友与妻子的责任,关心男人,使他感受到你的爱。在爱里学会体谅与奉献的女人,总是会拥有更多的幸福。

［与爱人一起成长］

爱情是个好东西，它能让你感受到一种与亲情、友情截然不同的感情。女人在找到自己的另一半之后，都会满足地过起自己的小日子。但在甜蜜的时候不要忘记了和男人一起成长，否则再美丽的爱情故事也会在眨眼间灰飞烟灭。

凌薇与丈夫结婚已经三四年了。她的婚姻一直为外人所称道，而凌薇也被外人作为妻子的典范："你看看人家凌薇，上得厅堂，下得厨房！再看看你，连句台面话也不会说！"但这些人在夸奖凌薇的婚姻时，并不知道他们的家庭曾经处于怎样的危机之下。

婚后，凌薇便依照丈夫的要求辞职回家了，丈夫经营着一家小酒店，并不需要凌薇朝九晚五地去挣那点死工资。刚开始的时候，凌薇也感觉这样的生活很惬意，但慢慢地，她感觉到了婚姻里的危机。

首先是丈夫说的事情自己不了解，虽然丈夫并不厌烦给自己讲一下酒店经营方面出现的问题，但面对凌薇的一问三不知，丈夫还是很失望。再者，酒店里的很多从业人员都是女孩子，总是处于群芳包围之下的丈夫也会在无意间提起哪天又招聘了几个长得不错的女孩子。

凌薇知道再这样下去，就会离丈夫的世界越来越远。她向丈夫要求，在酒店里做份工作。丈夫很惊讶她的要求，但凌薇没有说出自己的疑问，只是说自己想帮帮丈夫。于是丈夫按照凌薇在财务方面的特长，将酒店的账目都交给了她处理。

婚前就经常跑银行、工商局的凌薇给丈夫的事业带来了很大的帮助，在酒店资金周转困难的时候，凌薇为丈夫争取了一笔数目可观的贷款，而后又将工商、税务等方面的会议拉到了酒店里举行。这些举措使得酒店的业绩蒸蒸日上。

在四年后的一个夜晚，丈夫向凌薇表达了自己的感激之情，而凌薇却说道："夫妻不就应该这样吗？我是你的妻子，我想参与你的生活，想见证你的事业成功，这是很正常的。"

男人总喜欢说：女人要有"女人的味道"。其实女人味中有一点很重要，那就是能与爱人一同进退、共承荣耀、共担风雨的能力。让自己与爱人一起成长的女人，总是知道男人的下一步举动，她们总是那么善解人意地想男人想之所想，急男人之所急，使爱人无法离开自己。在与爱人一起成长的过程中，这些女人也在亲密生活中令爱情保持新鲜与持久。

爱情可以很平凡，也可以很高尚。当一个女人在与爱情一同成长的过程里变得成熟时，她便会发现：最深最重的爱，是与爱情一起成长到天荒地老。而在婚姻生活中，女人的奉献让人敬佩，也让男人感动，但如果妻子能与丈夫一起成长，在成长的过程中不断提升自己，使自己永远对丈夫存在吸引力，那么婚姻的悲剧便不会发生。女人，学会与爱情一起成长吧，只有在与爱情一同成长时，你才会感觉到什么是真正的爱情，怎样的爱是深爱。而你在成长的过程中，也会体验到在爱情里收放自如的快乐。

不曾表白的爱情，是没有开放过的花苞，从未将心底的美丽展示给所爱的人，在漫长的岁月里，被时间所打落，直到枯萎。而这份没有表白的爱情，便会在记忆中被淡忘，而那个曾被深爱过的男人，也不会知道，有个女人曾经如此深爱过他。有人会问："默默的爱还不够吗？爱情一定要表白吗？"爱情当然要表白！女人，无论你怎样钦慕心中的那个英雄，也不管你们是怎样的心有灵犀，如果不曾表白，他便永远不知道你对他的爱到底有多深，也不会了解你为他暗暗伤心过多少次。

爱要大声说出来

[勇敢的表白，被拒绝也是美丽的]

表白只是为了将自己的爱慕之情告诉对方，爱情是一种体验，也是一种感觉，但只是单纯的暗恋却会让自己陷入痛苦的沼泽。而表白可以让自己摆脱这种痛苦，而当自己傻傻地向对方表白时，那种勇气也会留在自己的记忆中，在日后面对各种生活的难题时，你可以想起这一幕，然后告诉自己：至少我有追逐幸福的勇气。

思颖喜欢她的博士师兄已经好几年了，苦苦的单恋是很难受的。每天看着师兄从面前走过，但眼光只是从自己身上一飘而过，思颖就感觉心里像有只耗子在抓心挠肺一样地闹腾。就这么暗恋了一段时间之后，思颖终于憋不住，向闺蜜诉说了她对师兄的好感。

闺蜜听了立刻笑了起来："我还以为你准备当个老男人婆，一直考到博士才肯找男人嫁了呢！没想到你竟然早给自己找了个意中人了！喜欢就说呗！都什么年代了，男追女、女追男都一样，只要自己能幸福，还管那些干吗？"

思颖辩解道："不是观念的问题！万一表白了不被接受，那不是糗大了！"

"那你是准备等师兄自己找了女朋友之后再表白了？别让自己后悔，喜欢的男人可不是什么时候都能遇到的！"

思颖想了又想，便决定向师兄勇敢地表白。但她还没勇气当面说，于是给师兄打了个电话："师兄，在哪儿呢？"

师兄的声音显得很诧异："在学校，怎么了？"

"嗯……咱研究生论文什么时候交啊？"

那边给了个日期之后，思颖又说："我还没写呢，怎么办啊？"

师兄并不是专门负责论文的，但还是给了她一些建议，并告之去哪里找资料。

最后准备挂电话了，思颖也就更紧张了：再不表白，就不知道要等到什么时候了！好吧！怕什么！大不了被拒绝！"师兄！有件事儿想和你说说！"

"什么事儿，你说吧！"

"呃……我很喜欢你……"

电话那头也没了声音，那一瞬间思颖感觉世界也跟着停止了一样，她满脑子乱哄哄的，终于电话里传来一句"可我已经有女朋友了，她在另一所大学……"

为了不让自己的眼泪滑落，思颖马上说："没关系，我只是想让你知道！师兄，祝你们幸福！"

失恋的打击让思颖好几天提不起劲来，但事后，她却因为自己的告白而为自己骄傲：至少他知道我的感觉了。

表白被拒绝并不是什么丢人的事，相反，它是你青春的见证。人生会遇到各种不同的挫折，而这只是爱情路上的一个小石头。不被接受的难过是会持续一段时间，但却没有给自己的人生留下遗憾，至少你知道了自己并非他的意中人，从而使自己放弃这段没有结果的感情，不再苦苦暗恋。

[表白，被接受与否都快乐]

有一句话是这么说的："说，你不一定会后悔；不说，你肯定会后悔。"很多看起来不可能的男男女女，都因为敢于表白，最终被对方所接受，然后成就了一段美好的姻缘。暗恋是美丽的，但没有经过表白的恋爱听起来总会有许些遗憾，等到年华老去，再回首时，想起年轻时深爱的那个人，你会因为没有向他表白而后悔，因为也许表白了，你的人生就会被改写。

雅芙与浩宇都被称为落伍的现代人，两个人面对爱情时总是躲躲闪闪，虽然彼此都有好感，但却一直在通过手机玩着各种暧昧游戏，他们在沟通中互相交换着那份淡淡的倾慕之情。

终于单位里要组织去外地旅游，一路上过得都很愉快，但乐极总会生悲。雅芙因为跑得太快，把脚崴了，不一会儿就鼓起了个大包。同事们看到后，都围着雅芙关心她的伤情。但旅行刚刚开始，不能因为一个人受伤造成大家都不能玩，留谁来照顾雅芙成了问题。这时浩宇站了出来："你们去吧，这山我去年就爬过了，再上去也没什么意思，你们没有来过，都上去玩会儿吧！"大家在谢过浩宇之后又踏上了爬山的路。

雅芙的脚是不能再走路了，浩宇看着雅芙痛得发白的脸，对她说："我背你！"雅芙还没有反应过来，浩宇已经将她背上了背，雅芙感觉浩宇的背是那么温暖，她把脸贴在上面，心里非常开心。

但雅芙很明白，以浩宇的性格，他是不可能向自己表白的。那个书呆子再怎样也不可能说出"我爱你"这么肉麻的话，雅芙决定自己主动表白。

"浩宇，你感觉我人怎么样？"

"呃……挺好的……"

"我也感觉你很好……我很喜欢你，我们能在一起吗？"

浩宇没有想到雅芙的告白会这么直接，他怔了一下便笑了："只要你愿意。"

　　雅芙没有想到自己的告白会这么顺利，如果早知道爱情是这么容易得到，那她早就主动表白了！

　　几个月之后，两个人举行了订婚仪式。

　　当你爱上某个人时，如果你也确信他在爱着你，只是不敢说出口，那你可以直接向他表白。因为在面对"不说一定会后悔"的诅咒中，女人的矜持实在不算什么好借口。男人总是会因为勇敢而得到自己喜欢的女孩，而女孩子却总是因为所谓的淑女风度而将所爱的人错过。其实，女人的主动表白不仅不会损害她在男人心目中的形象，反而会使爱情更甜蜜。

　　暗恋很美丽，但也很伤人。明明是那么深沉的爱，却总要装作若无其事；明明是那样关心对方，却不能表现得太过明显；而思念的痛苦更会在夜半将心伤到难以自持。暗恋的人要学会演戏，否则就要被人揭穿心事，但在面对心爱的人时，脸却会不由自主地红起来，而言语也会不再流利。其实，何必让自己这么痛苦呢？也许再多向前走一步，暗恋便会变成爱情，来自爱人的温柔会将暗恋时的难过变为甜蜜，这一切，只需要你勇敢表白。表白也许不会被接受，但至少不会让自己在黯然回首时，还能清清楚楚地看到年轻时因为懦弱而失去的美好爱情。不要再爱在心头口难开了，勇敢地向他表白证明自己的爱吧！

学会社交与处世，
人生道路更宽广

●

5

　　女人应该学会社交与处世，这样才能在自己的人生道路上穿越风雨，迎来七色的彩虹。聪明的女人善于打造自己的交际圈，她们在多个交际圈中长袖善舞，这不但是女人的自信，也是女人魅力的表现。

　　女人啊，请大胆地展示自己的人格魅力，以自己独特的方式社交，丰富的人脉就自然掌握在你的手中。

赞美别人是一门艺术，也是一门学问，它有着相当神奇的力量。碌碌无为的人会因为得到赞美而奋发图强；近乎绝望的人会因为得到赞美而重燃信心；自卑的人也会因为得到赞美而抬起低沉的头来。每个人都乐于听到别人的赞美，恰当地赞美别人，你也会因此而受到感激，人与人之间的相互赞美是人际关系趋向友好和改善的润滑剂。

赞美拉近你与他人的距离

[不要吝惜你的赞美]

　　人都喜欢听到别人的赞美，无论是出于什么目的去赞美，只要你的赞美是真诚的，是善意的，那么就一定能让别人开心。但有些人却常常吝惜自己的赞美，她们或许觉得赞美显得有点虚张声势，或者不好意思说出口，然而不管你怎么想，长期让自己做一个不会赞美别人的人，也同样不会得到别人真诚的赞美，与人之间的交往也将会不断地出现一些小状况，这就是不善于赞美别人、不善于处理人际关系的结果。赞美可以带给人以美妙的感受，当人与人之间的交往失去了这些美妙的东西，生活也会失去色彩。

　　生活中很多美好的事物，美好的人存在于我们周围，面对那些你欣赏或喜欢的人，一定要大胆说出自己的赞美之词，告诉对方自己有多喜欢或欣赏他。尤其在社交中，女人想要得到别人的喜欢，想好好与人相处，必须学会赞美他人，千万不可吝惜。就好像你在聚会上认识一个非常有魅力、有气质的女性，你为什么要保持沉默呢？虽然相比之下你显得很老土，但如果主动开口去赞美她，真诚地说出自己对她的欣赏，你可能会有意想不到的收获。

小米因为学习成绩不好而早早地辍学回家，为此常被邻居当做笑柄，父母对她也总是一肚子的埋怨。在家待了两年后，她决定去外面寻找出路，于是，她踏上了去北京的路。

果然就像亲邻们所说的一样，一个乡下的土丫头，没有美丽的外表，没有高学历，更没有一技之长，去北京那样的大城市很难生存下来。在北京的半个多月里，她处处碰壁，没能找到一个合适的工作。尽管她省吃俭用，身上的钱也花得差不多了，再找不到工作她就必须回去了。这不正好应验了家乡人的预言吗？想到回家后家人的不屑、邻居的嘲笑，小米决定誓死也要坚持下来。于是，她咬了咬牙到一家酒店应聘清洁工，有了稳定的经济来源再想办法寻求发展也是一个不错的选择。鉴于她诚恳的态度，她成功地得到了试用的机会。

虽然只是一个清洁工，但小米还是很认真地对待。

一次，小米正在做打扫，酒店的总经理从她身边走过，不经意地问了一句："你叫什么名字？"

"哦，我叫李米，大家都叫我小米。"

"嗯，做得不错，打扫得很认真，也很干净，继续努力！"说完，总经理笑着离开了。

看着总经理离去的身影，小米兴奋不已。这是她渴望已久的赞美，原来被别人夸赞是如此的美妙。从此，小米更加努力，对这份清洁工作更加卖力。终于有一天，发生的一件事改变了她的命运。

一天晚上小米打扫完准备下班，发现有一个人鬼鬼祟祟地走进总经理的办公室，出于好奇，她来到门口一看究竟。只见那人正在总经理的办公桌上翻来翻去，似乎在寻找什么东西。黑乎乎的连灯也不开在找东西，一定不是什么正当行为，想到总经理对自己的赞赏，小米的感激和责任心油然而生，她勇敢地走进去大声喝止，并与那人厮打了起来。过程中，小米轻微受伤，庆幸的是保安闻声及时赶到，制止了这名来盗取商业机密的不法之徒。

小米的英勇行为为酒店挽回了损失，总经理对此再三向小米道谢，并且愿意给她一次机会，让她转职为酒店服务人员。有了上级领导的关注，小米工作更加勤奋，没过多久便升为了领班。

也许，总经理对于小米的赞美只是不经意的一句话，只是纯粹地一个上司对下属的鼓励，但却激发了小米的潜在力量，如感恩之心、感激之情，对工作的责任感，对社会行为的道德感，更重要的是一个女孩子勇战窃贼的勇气。

由此可见，赞美的力量是多强大，无论是什么样的人，无论是处于何种地位的人，当你拿出诚意去赞美他时，对方也会把这份感激铭记于心，这样一来，不但人际关系扩大，自己也会因此而受益匪浅。赞美总是鼓舞别人的一种有力武器，虽然说逆境中可以锻炼一个人，但偶尔的赞美更能收到意想不到的效果。对于女人来说，你希望受到别人的重视，希望融入别人的生活，那首先就得学会赞美，不要觉得赞美很虚伪，更不要吝惜，因为别人很乐于听到你的赞美。

万事开头难，只要拿出你的诚意，真诚地去赞美别人，其实赞美是会上瘾的。当你真心地赞美某个事物或某个人时，你会发现自己也特别开心，而且从此也不会再吝惜赞美之词，仿佛赞美上了瘾一般。

[赞美背后的艺术价值]

我们身边的每个人，当然也包括我们自己，都希望受到周围人的赞美，都希望自己的价值得到肯定。于是很多人便产生了矛盾的心理，既觉得赞美的人很虚伪，同时又渴望得到赞美，其实这只是人们的心理问题，为什么要在意那么多呢？只要赞美是真诚的，哪怕事实并不是这样，但对于能真诚地说假话来夸奖自己的人，也是值得感激的，起码对方承认了你。

有这样一则故事：

Larry年轻时是一个很美丽的女人，如今已年近50，不服老的她仍然把自己打扮得光鲜靓丽。在一次盛大的舞会上，来了各种形形色色的人，Larry当然不愿放弃这个好机会，打扮了一番后也来到了舞会上。有一位见证过她年轻时的美丽，并且总是爱说实话的先生走到她身边坐了下来。他诚恳地说："Larry女士，年轻时你真的很漂亮，并且是我所见过最漂亮的，但现在比起来，你虽然风韵犹存，但皮肤却松弛了，而且缺乏光泽，脸上也出现了皱纹，真是岁月不饶人哪！"这位先生虽然说的是实话，虽然他并无恶意，但却令Larry很尴尬。

这时，又一个人走了过来，他彬彬有礼地伸出手说："你年轻时是那么迷人，现在仍是如此，你是这个舞会上最漂亮的女人，如果你能接受我的邀请，我将是舞会上最幸福的人！"Larry泛白的脸色顿时红润了起来，纵然知道这并非事实也仍然很激动，很高兴。

第二天，这两个人却意外地得到了Larry去世的消息，死于一种不治之症，他们都被邀请参加Larry的葬礼。在葬礼上，每人收到了一封信，Larry在给说实话的那位先生的信中写道："你说的话很对，每个女人都抵挡不住岁月吞噬，我一直都明白，可是你说出来却是雪上加霜，我将我一生的日记赠送给你，那才是我的真实。"而给撒谎先生的信中却写道："其实我知道自己没你说的那么好，但我非常感谢你的谎言，它让我生命的最后一夜过得如此美妙幸福；它让我生命的枯木重新燃起了青春的活力。所以，我决定将遗产全部赠送给你，希望你永远都懂得去赞美别人。"

故事中的Larry显然是在自欺欺人，但这有什么不好呢，起码起到了振奋自己的作用。其实每个女人又何尝不是这样，纵然知道有些话可能是谎言，但还是愿意做个傻女人，傻又如何，多一点傻，开心就多一点。对于女人来说，在复杂的人际交往中，赞美可以令你得到他人的感激，也可以得到他人的喜爱，进而就增进了人际关系。

赞美是一种艺术，你可以说真话也可以说假话，但一定要真诚，不要做作，只要真诚，无论是真是假别人都乐意听。不要认为这样很虚伪，赞美是对别人的一种激励，当对方的价值得到了肯定，他们自然会很高兴，从而你也会被快乐的气氛所感染，这样你与别人便能相处得很融洽。

生活离不开赞美，赞美是一种说话的艺术，只要运用得当，你就能愉悦他人，更能愉悦自己。有这样一句话："人都是活在掌声中的，当部属被上司肯定，他才会更加卖力地工作。"在人际交往中，赞美就像是一种无形的力量，为你在社交中开启了一扇智慧之门。随时做好准备去赞美别人吧！当你把赞美的话说出了口，你会发现生活因赞美而更加美好！

帮助别人等于帮助自己，这是很多人总结出的至理名言，中国是一个文明古国，作为一个文明的国家，爱心便显得很重要，它是具有感染力的，那么到处将一片和谐。助人为快乐之本，当你帮助了一个人，无论有没有得到回报，都从心理上肯定了自己，并使自己得到了快乐，何乐而不为呢？

互帮互助打开快乐之门

[付出才能收获幸福]

尽管我们每个人从小就被教育着要助人为乐，可时代在变，随着竞争的激烈，人性丑陋的一面便暴露了出来，自私自利的人、损人利己的人越来越多，助人为乐的人却越来越少，有的不是不愿意帮，只是警惕之心在作祟。我们都是生活在同一个大家庭，如果都能相互帮助，那每一个人岂不是都从中受益，生活岂不更美好！

每个人都喜欢享受，尤其是女人，她们是天生的享乐主义，所以当得到好处的时候总会很快乐，但快乐总是很难把握，稍不留神它便悄悄走掉，而很多女人却不知道，把握幸福的关键在于付出。

从前有一个富婆，她非常自私，从不愿意去帮助人，因为在她眼里帮助别人不但自己得不到好处，反而让别人占了便宜，她可不愿意做这种赔本生意。眼看着自己一天天老去，而自己仅有的一个儿子却一点都不知道尽孝道，只是一心想她快点死，然后继承遗产，她被气得一病不起，床边却无人照顾。晚上，她做了一个梦，梦到了上帝，她问上帝："我死后会上天堂吗？"上帝摇了摇头说：

"不能，按目前的情况来看你只能下地狱。"富婆便问天堂和地狱是什么样的，于是，上帝就先带她去了地狱。

地狱里的人都很丑陋，每个人都干着自己的活，并且身上伤痕累累。吃饭的时候，那些人都争先恐后地围着一个大桌子，每个人手里一个长长的勺子，桌子中间放着一锅汤，他们都抢着舀汤，可是舀到以后却因勺子太长无法送到自己嘴里，便都开始大哭。然后上帝又带她来到天堂，天堂到处一片美好，人们工作也是满脸微笑。他们吃饭的时候同样是有一个大桌子，同样手里拿着长长的勺子，不同的是他们很谦让地坐下来，舀起汤后也没有送往自己嘴里，而是送到了对面人的嘴里，这样一来，他们每个人都喝了汤，而且都显得特别开心。

富婆看完后顿时恍然大悟，她明白了原来天堂和地狱的差别就在于，地狱里的人只想到自己，不愿帮助别人，所以他们过得很痛苦。而天堂里的人，总乐于帮助别人，这样团结互助，生活当然过得很美好！

在女人的人生旅途中，总会碰到令自己为难的事情，如何决定都在一念之间，你可以选择保护自己的利益去伤害别人，然而伤害的背后是自己的良心受煎熬，也会被别人所排斥；你也可以选择帮助别人，帮助过后的自己是快乐的，这样的女人更能受到别人的欢迎。帮助别人才能收获幸福，就好像看到前进路上的一个障碍物，为什么不把它移开呢，与人方便的同时也方便了自己，如果每个人都懂得去帮助别人，那这条路也会越走越顺。

[赠人玫瑰，手留余香]

对于女人来说，懂得帮助别人是很重要的，内在美才是真的美，女人也是因为有爱心才更凸显了自己的美，在与人相处的过程中，这是女人最不可缺少的一种品质，当你帮助了别人的同时，幸福也会一点点向你走近。爱别人，会觉得自己的生活更有意义。

一天，张敏由于加班的原因回去得很晚，当她拐进一条漆黑的小道时，不由得胆怯了起来，夜静得可怕，她仿佛能听到自己急促的呼吸声。张敏一边埋怨着自己的老板，一边小心翼翼地走着，本来不长的一段路在此刻却好像走不到尽头了，忽然，她看到前面泛出一片光亮。那片亮光越来越近，她面前的路也越来越亮，她提着的心总算放了下来，脚步加快了，很快就到了前面的路口。

当张敏走近灯光时，才发现手里拿着手电筒的是一位盲人，她很感激那个人，便叫住了他。"真的太谢谢你了！"张敏对盲人说。"你为什么要谢我？"盲人不解。

"因为你为我照亮了路啊，您真是个助人为乐的好人！"

"不用谢我，我拿手电筒给别人照路，其实是为了方便自己，在黑暗中行走很容易被人撞到，而且我又看不到路，拿着手电筒虽然自己看不到路，但却能让别人看到我，这样我就不会被人撞了！"盲人意味深长地说。

即便这样，张敏依然再三感激盲人，因为只有一个能为别人考虑的人才能想到这种办法，同时盲人的话也使她得到了启发，使她明白了利人与利己是共存的，有付出才有回报，帮助别人就等于帮助自己。故事中的这位盲人用灯光为别人照亮了漆黑的路，为他人带来方便的同时也保护了自己，如果盲人是一个自私自利的人，他绝对不会想出这种方法的，因为他的眼里根本就没有考虑过别人的利益。这也正是人们常说的一句话：帮助别人就是帮助自己。

一个女人最美的时候就是当她献出爱心的时候。赠人玫瑰，手有余香。有时候与人方便也是与己方便，所以，看到别人困难，一定要伸出你的援手，因为：助人就是助己。

正所谓种瓜得瓜，种豆得豆，生活其实就像一面镜子，你对它微笑，它自然也会对你微笑。每个人都在自己人生的道路上积极地打拼着，途中肯定会遇到许许多多的困难，互帮互助岂不走得更顺利，帮别人搬开绊脚石，岂不更有利于自己行走？帮人就是帮己，生存就是共存，我们生活在一个大家庭中，凡事只以自我为中心，只会得到别人的排斥，懂得帮助别人，才能更好地生存。

科技在发展，时代在进步，人们也随着时代的步伐不断进步，俗话说的好：人要学着去适应社会，而不是让社会去适应你。生活在这个时代，我们每个人必须要学着去适应，否则迟早面临淘汰，而想要在社会上有个立足之地，你首先就得学会适当八面玲珑，要诀就是："见人说人话，见鬼说鬼话。"

八面玲珑是为人处事的必备技巧之一

[女人不可死脑筋]

每个女人原来都只是一个单纯的小女孩，但是经过社会的磨炼都发生了不同的变化，社会需要什么样的人，她们就得变成什么人，这才是生存之道。当然，其中不乏面对惊涛骇浪也不愿弯腰低头的女人，她们讨厌世俗中那些阿谀奉承、虚伪的俗人，也不愿意成为那样的人，而当自己那份崇高的精神遭到无情的打击，她们却发现自己竟无任何还击之力，有的只是委屈和抱怨。

刚毕业的大学生多少有些心高气傲，她也不例外，她相信，凭自己的才学，一定可以找到一个可以大展宏图的工作。可令她失望的是，在外游荡了很长时间，她仍然还是一个无业游民，不是工作看不上她，就是她看不上工作。朋友曾经劝过她不要要求太高，而且面试的时候讲话要懂得变通，学会取悦面试人。她很不屑，认为凡事都是讲能力的，只要有能力还怕什么。

接下来的日子还是不停地去面试，那天，她不记得自己是第几次敲开公司的门，只知道自己已经快失去耐心了，走进去的时候经理办公室正坐着一个面试的人，她坐在旁边等。经理与那个女孩似乎聊得很投机，两个人有说有笑，那女孩也真会拣好听的说，把经理哄得一愣一愣的，狠狠地朝那女孩翻了个白眼，表示对她行为的鄙视和不耻。

两个人终于谈完了，她起身走了过去，经理说："请坐，不好意思，让你久等了！"她礼貌地点头坐下，赶紧说："没关系，我也没等多长时间。"说完后她突然觉得自己真虚伪，明明恨得咬牙切齿。

第二天公司通知她去上班，她很高兴，虽然工作并不十分理想，但跟以前的比起来也不错了。她刚来经理办公室，昨天面试的那个女孩也在那，老板给她们安排好工作，两个人一同走出经理办公室，女孩对她笑笑表示友善，她却只当没看见。她工作一直很认真，干活有效率，她想证明给别人看，实际能力决定一切。但令她想不到的是，半年后，那个女孩升了职，她却没有，她气愤并且无法理解，那个女孩工作能力并不如她，而且她连大学都没读完。

不要瞧不起八面玲珑的人，也不要对世俗感到厌恶，其实我们都只是世上的一个俗人，都想追求幸福的生活。一个女人在社交中，面对的是形形色色的人，见什么人说什么话是一种处世之道，一句话可以把你捧向天，也可以把你踩在地，至于是上天还是入地，就看你话怎么说了。为人处世，有很多事情都是不得已而为之，很多话都是不利己而说之，并不能自己想怎样就怎样，处在现实生活中，我们就得学会现实。

[学会"见风使舵"]

很多人对见风使舵的人总有一种偏见，认为这种人不可靠，像墙头草一样随风摆，根本不值得信任。见风使舵并不同于墙头草，因为见风使舵的也有自己坚持的原则，她们只是为了适应生活而已，这是人的一种生存本能。

物以类聚，人以群分，每个人都有自己不同的特征，每个人都喜欢跟性格相近或习性相同的人在一起，那样比较好相处，而且也不会产生因为思想分歧大而不和的问题。有这种想法是很不好的，一个人只有广大的人力资源，在人生的道路上才能走得更顺利，试着变换自己的沟通特征与别人相对应，这样与任何一个人都能相处得很愉快。

《红楼梦》中的王熙凤就是一个会见风使舵的人，当林黛玉刚进贾府的时候，她就以未见其人先闻其声的形象出场："我来迟了，不曾迎接远客！"给人一种热情的感觉。当她打量过黛玉后，又亲切地拉过黛玉的手说："天下竟有这样标致的人物，我今儿算见了！况且这通身的气派，竟不像老祖宗的外孙女儿，竟是个嫡亲的孙女儿，怨不得老祖宗天天口头心头一时不忘。只可怜我这妹妹这样的命苦，怎么姑妈偏就去世了！"这一番话不但说得黛玉心里暖暖的，感激涕零，更说得老祖宗心里极舒坦。

而当贾母责怪她不该提这些事再让黛玉和自己伤心的时候，王熙凤又立马顺势把话一转，说道："正是呢，我一见了妹妹，一心都在她身上了，又是喜欢，又是伤心，竟忘了老祖宗。该打，该打！"

王熙凤可谓是把初见黛玉那种该有的喜、悲、爱、怜的情绪发挥得淋漓尽致，不但让黛玉非常感动，同时也讨好了老祖宗，这么一个说话深得人心的女人，在贾府的地位当然非同一般，纵然她是那么泼辣。

可能很多人都不喜欢王熙凤这个人，嘴上一套心里又是一套，可现实生活中却不乏这种人，而且这种人也总能深受欢迎。她们往往都很机灵，也都很谨慎，知道身边每个人喜欢什么，讨厌什么，好听的话滔滔不绝地说个不停，讨人嫌的话绝对不说。虽然这种人原则性不足，但使身边的每个人听了都很舒服，根据当今社会的发展趋势，不管哪个领域都需要这样的人，她们自然很受欢迎。

在当今竞争激烈的社会中，动手能力固然重要，但如果动动嘴就能解决的事情，为什么不采用呢？也许你觉得虚伪，但有哪个人敢说自己一点不虚伪呢？你只要记得保持一份爱心，就算是虚伪又有何妨。"八面玲珑，见什么人说什么话"是做人成事不可缺少的必备技巧，是一个人走向四方的通行证，是为一个人开启成功之门的推荐信，是一个人走向成功必须修炼的一种智慧。

随着时代的变化，女人的思想也开始一点一点地发生着变化，从古代的保守到现代的开放；从古代的含蓄到现代的张扬；从古代的卑微到现代自己做主人。如今，女人的面貌被彻底改变了，很多女人不再听从命运的安排，不愿做沉默的羔羊，在现实的生活中都纷纷变得强势起来。可是，她们在积极争取的同时，却忽略了一点，沉默有时能使女人更有力量。

学会适当闭嘴

[沉默是金]

女人在社交生活中，想要获得他人的喜欢和尊重，想要占有一席之地就必须要学会为人处世，说话要懂得技巧，要善于沟通。但这种沟通并非适用于所有场合，要学会根据情况而定，很多女人只看到了侃侃而谈之后的成功，却没看到成功背后的沉默，其实有时沉默比滔滔不绝的说话更有力量。沉默是情绪的酝酿，是一种无形的力量，能显出一个女人的品格，并能使女人立于不败之地。

Alina是个非常优雅美丽的女人，不管身在何处，总是能吸引别人的目光，尽管她并没有身穿名贵的衣服，也没有佩戴名贵的首饰。一天，她又受邀去了一个宴会，宴会上人很多，她便选了一个较偏僻的位置坐了下来。这时衣着华丽的Alice和Tony走来，在她身边坐下，Alina友好地冲她们微笑，但心里却并不乐意她们坐在自己身边，她们闲着没事干总爱显摆自己，更爱败坏别人。

"哦，Alina，你怎么一个人在这呢？干吗不去跳舞呢？我们两个可都被邀请跳了两支舞了！哎，好累！"Alice骄傲地说，真的是何时何地都能显摆自己。

当Alina欲张口时，转念一想又把话咽了回去：就让她说去吧，反正自己多说也无益。于是Alina只是笑了一下。

"是啊，Alina，你应该给自己买件像样的衣服，你的衣服看起来好像有点旧了，而且也不符合你的气质，女靠衣装，在这种高档的宴会上，没有漂亮的衣服怎么吸引那些男士呢？"Tony接着说，Alina依然用沉默代替，只是微笑。

"还有，你为什么不给自己佩戴一些像样的首饰呢，看你的脖子上空空的，你看我们俩，戴上漂亮的首饰是不是显得既漂亮又高贵？而且总是能吸引男士的目光。"Alice边说边摸着自己昂贵的首饰。

两个人就这样你一句我一句地说了起来，不过Alina始终保持微笑，任由她们说。过了一会，两个人说累了，也自觉没趣，便停了下来。这时，宴会的主人，也是这个宴会上最优秀的一位男士走了过来，Alice和Tony激动不已，可是这位男士却把手伸向了Alina："最美丽的小姐，请问我有这个荣幸请你跳支舞吗？"Alina微笑着把手伸向他说："当然！"

于是她回过头又对Alice和Tony一笑说："不好意思，我先失陪了！"然后步入了舞池。留下她们两个气得直跺脚。

沉默是一种无形的力量，虽然没有口头上的言语，却在气势上压倒了对方，所以有时在处理事情上，能达到更好的效果。当然，沉默并不是教人忍气吞声，而是希望人们能深思熟虑，三思而后说，说一些没有效率的话倒不如干脆闭嘴更有意义，这样能使语言的艺术在思考中得到升华！正所谓不鸣则已，一鸣惊人！

[在沉默中战胜对方]

女人掌握自己的命运，做自己喜欢的事，努力争取并没有什么不好，只是争取也应选在恰当的时间、恰当的地点，并且说出一些恰当的话。沉默的力量是不可忽视的，当你觉得自己无力反驳，口头上的话根本起不了作用时，而且又不好大发脾气时，为什么不试着保持沉默呢？

深秋，天气渐渐转凉了，小刘下班后便在那等公交车，天刮着风，衣着单薄的她感觉浑身凉凉的。终于等来了公交车，她上车后便暖和了很多，车内人很多，她站在了窗户边。突然她感觉到一阵凉风袭来，扭过头才发现在窗户边的人把窗户打开了，自己在那伸着头欣赏美景，虽然开着窗空气清新了很多，但却让她很冷。

小刘等了一会儿，可那人并没有关窗的意思，后边一个抱着孩子的少妇张口了："把窗户关上吧！小孩受不了。"那人好像没听见似的，靠在座位上享受着凉风。小刘也看不下去了，又说了一遍："你把窗户关上吧，人家抱着小孩呢！"那人依然没有反应。小刘很气愤，怎么会有这种人，但却不好发作，于是她干脆闭上了嘴巴，自己动手把窗户关上了，然后高傲地仰起头，那人抬头看了看小刘，终究没再开窗，就这样一直到终点站。

有时候，沉默寡言远比喋喋不休更有意义，在语言上压倒对方看似是占了上风，但很多时候却是沉默者胜出。在语言上喋喋不休虽然表现得盛气凌人，但实际上却是虚张声势，而沉默看似是退缩，实际上却是胸有成竹。所谓言多必失，沉默的力量来自于后发的优势，不鸣则已，一鸣惊人，在沉默过后给人致命一击。

沉默的女人能给人一种优雅、有气质的感觉，因为沉默的力量往往来自于包容，而这种包容是一种美德，是女人吸引别人最有力的武器。所以，女人在社交中，在说话并没有任何意义时，学着保持沉默吧，沉默能使女人更有力量。

常言说得好：一把钥匙开一把锁。沉默并不等于无言，它只是在积蓄、酝酿一种能量，等待着乘虚而入，占领优势。沉默更不是退缩，也不是懦弱的表现，而是一种无形的力量，是女人受用一生的一种大智慧。沉默是一种力量，在多说无益的情况下能彰显出更大的智慧。

幽默的女人是有智慧的，她们对待生活始终保持着一份自信、乐观的态度，在轻松的言语中散发自己独特的魅力；幽默的女人是豁达的，她们不会因为一点困难就退缩，总是那么积极向上，乐观开朗，能让你感觉轻松自如，如沐春风；幽默的女人是有魅力的，跟这样的女人谈话，不管心情多么沮丧，她都会把你带入欢乐的世界，你会不知不觉情动其中，深深地被她吸引。

幽默是打开社交的秘诀

[幽默是一种智慧]

女人都喜欢幽默的男人，因为跟幽默的人在一起心情能时刻保持愉快。的确，幽默是男人的法宝，但女人同样也需要拥有，在社交中，幽默的女人往往更具吸引力。很多女人觉得幽默的女人有失风范，其实不然，幽默并不同于讲低级笑话，它是一种真正的生活智慧，是在经历了社会的各种历练，尝尽酸甜苦辣后，仍然保持的一种积极、乐观的人生态度，作为一个现代女性，她的魅力也恰恰在于此。

小云是一个美丽且幽默的推销员，推销是非常难做的一个行业，很多人经过无情的打击后都丧失了信心，然后另择职业。可小云并没有放弃，每次被拒绝后她都微笑面对，甚至有时没进门便被赶了出来，但她始终坚持了下来。

经过几天的连续失败后，她总结了一下失败原因，然后从消费者的角度去考虑问题，她终于发现了其中的窍门。于是，她决定下次推销的时候要认准时机，专挑两夫妇都在家时再进去推销。有一天，小云认准了时机，便敲开那家的门。

开门的是个男人，30多岁，小云说明来意，并详细地介绍了产品的性能和优点。这时，这家的女主人出来了，她对小云带来的产品并不感兴趣，甚至连看都不看。于是，小云对男主人微笑着说："你如果不能决定的话不必马上买，你可以考虑考虑，等我下次来的时候再说。"这时旁边的女主人突然表现得很积极，连忙买下了她的产品

在以后的推销中，小云都采用这种方法，她总结出的道理就是：天下没有不吃醋的女人。小云长得那么漂亮，而且自始至终都保持着迷人的微笑，那个做妻子的当然不愿意再让她到自己家里来。

幽默是一种智慧，它可以突显出一个女人的魅力，更能让一个女人在智慧中走向胜利。

虽然幽默有时可能会像是游戏，可是，如果尺度适当，既能娱乐自己又能娱乐他人，何乐而不为呢？就好像这样一则有趣的故事：男孩喜欢同班的一位女孩。终于，一天下课后，他鼓起勇气跑到女孩面前说："你的书挺重的，我来帮你拿吧！"女孩微笑着说不用。男孩又说："那我帮你拿包好了！"女孩也说不用。男孩想了片刻便说："看你这么瘦弱，总得让我帮你拿点什么吧！要不我拿你手好了！"女孩听完"扑哧"一声笑了出来，便把书交到了他手里。

可见，幽默不仅可以逗人开心，而且还是一种大智慧。

［幽默的女人更可爱］

一个女人在社交中，虽然美丽的外表和高贵的气质能吸引别人，但这只能证明她是一个有魅力的女人，并不足以证明她是一个可爱的女人。女人因可爱而美丽，而可爱则离不开幽默，懂得幽默的女人不管是在同性或是异性中都能受到欢迎，她可以给别人带来欢乐，可以令人心情舒畅，可以使人倍感亲切。一个聪明、美丽的女人，如果同时拥有幽默，那就是一个可爱、有魅力，并很受欢迎的人。

男孩喜欢上了一个女孩，但他是个内向的人，一直不敢向她表白。终于有一天，他鼓起勇气给女孩写了一封信，托朋友交给她。女孩收到信后很吃惊，便拆开来看，上面写道："喜欢你好久了，却一直没有勇气向你表白，但随着时间推移，我发现自己对你的爱越来越深了，你知道吗，我无时无刻不在想你。炒菜时我会想起你，你就像盐一样不可缺少；吃饭时我会想你起，你就像筷子一样不可缺少；睡觉时我也会想起你，你就像被子一样不可缺少。我看见鸡蛋就会想起你水汪汪的大眼睛，看见西红柿就会想起你红扑扑的脸颊，看见水就能想起你的温柔。我想我永远都离不开你了，请你嫁给我吧，我会把你当熊掌一样珍惜，永远不离不弃！"

　　女孩看完后不禁笑了起来，难道自己长得那么像食物吗？她不愿意伤害男孩，但她也同样不喜欢男孩，于是她也同样幽默地写道："我也想过你那扫把似的眉毛，土豆一样的眼睛，大蒜一样的鼻子，香肠一样的嘴巴，还有火一样的热情。但很不好意思，我不打算找个熊掌一样的丈夫，我们就像水和火一样不能相融，你明白我的意思吧！"

　　故事中的女孩就是一个很幽默的女孩，虽然拒绝了别人，但却不会使人难堪便达到自己所要表达的意思，这也是幽默的艺术魅力，这样的女孩不是很可爱吗？幽默，是社交场合里不可缺少的润滑剂，一个幽默的女人往往很可爱，正因为她的可爱，在人际交往中她才会备受欢迎，所以在人生的道路上也能走得更顺利。

　　幽默的女人是智慧的，幽默的女人是可爱的，幽默的女人是最有魅力的。每个女人都需要培养自己的幽默感，女人一旦丧失了幽默感，虽然外表美丽迷人，却会让人觉得感觉上有所欠缺。就好像有人说过的一句话："没有幽默感的女人，就像鲜花没有香味，只有形，没有神，可惜了光鲜的外表，看上去，总是差那么一口气。"

女人的心是柔软的，她们时常会被一些小事情感动，从而动情地流下眼泪；女人同样也是玻璃做的当她们受到伤害时，也总会流下难过的泪水。人是有感情的动物，因为感情的触动而哭泣也是人之常情，尤其对女人来说。而从另一个角度来说，哭泣也是一种艺术，在人际交往中，懂得哭泣的女人更容易得到别人的怜惜。

学会示弱

[眼泪是一件武器]

社会步入了新时代，新时代的女性都追求男女平等，所以女人也都独立自强了起来，虽说男儿有泪不轻弹，女孩也是一样，于是女儿有泪不轻弹的思想也渐渐深入人心。人们都是有感情的动物，哭是对情感的一种反映，既然有发泄的冲动，为什么要憋在心里再得内伤呢？

而且女人的眼泪是有许多妙用的，柔弱的女孩子在人际交往中本来就比较惹人怜爱，你尽可以把眼泪当做一种恳求、要挟、进攻、退让、痛恨或者是关怀，不管是哪种情绪，只要女人用对了场合，掌握了方式，眼泪是很能感染别人的，它可以得到别人的心疼，从而能得到别人的照顾，眼泪其实是一件武器。

小可，一个温柔可人的名字，可现实生活中的她却与名字十分不符。小可是广告公司的一名设计人员，工作非常认真踏实，同时也是个一丝不苟的人，总给人一种很严肃的感觉，所以公司的同事跟她的关系一直不太亲近。虽然小可人长得很漂亮，公司也有对她印象不错的人，但因她总是冷若冰霜，从不在工作中哭哭啼啼或者耍小脾气，简直就是一个女强人的形象，也就没有人敢接近她。

一次，他们设计部的总监准备组织一次全体出游，一群人都表现得很活跃，只有小可还是一副面不改色的样子。大家都尽兴地玩了一整天，到了晚上大伙便都在客厅里看电视，看的是《对不起我爱你》，每个人都很感动，纷纷拿起了纸巾。忽然，大家的目光都转向了小可，只见她眼里充满泪水，正在用手拭泪，此刻，大家完全看不到女强人的影子了，看到的只是一个柔弱又动人的小女人。小可感觉到大家都在看她，顿时不好意思起来，便跑到了外面。

这时，总监走过来给她递上纸巾："有什么不好意思的，女人哭很正常嘛！你知道吗，你是一个很优秀的女孩，只是表现得太坚强了，总给人一种拒人于千里之外的感觉，所以总让别人不敢接近你。其实女人适当地示弱，表现出柔弱的一面，往往会令自己更有魅力！"一席话说得小可羞涩地低下了头。在以后的工作中，本来对小可心存畏惧的人都纷纷开始接近她，她自己受到感染，坚硬的心也慢慢软了下来，与同事们相处得非常愉快。很快，小可被升为首席设计师，因为感情的变化，她的作品也富有了情感。

女人，无论她有多么能干，仅凭一人之力也成就不了什么；无论她有多么坚强，当遇到困难的时候也都会有软弱的一面。这个时候，不要把自己包装在坚硬的外壳里，这样只会让自己受伤，而且这样的女人可能会得到别人的欣赏，却不会得到别人的喜欢。所以，女人应当适当地学会哭泣，把自己的情感和软弱流露出来，这样才能博得别人的怜爱和帮助。

[哭的艺术]

流泪的女人有一种柔弱的美，很容易博得别人的同情和关怀，但哭也是有艺术的。哭的艺术在于女人哭的场合、方式和对象。女人哭泣是要分场合的，选在不恰当的场合只会落下笑柄；女人哭泣也是要讲究方式的，哭也要哭得有水平，而且不能哭得太频繁，哭得多了眼泪也会失效的；女人哭更要讲对象，如果选择对眼泪有抵抗力的人，那泪水似乎就浪费了。这三点必须得掌握好，否则哭了也是白搭，不但不会得到别人的心疼，反而会适得其反。

她是一家公司的助理，长相甜美，身材好，而且很懂得如何讨人喜欢。当然，她最能讨男性的喜欢，经理对她很好，这么美丽又柔弱的女孩子怎能不招人怜爱呢？每次谈生意的时候总会带着她作为必要的陪衬，而她也总是不会让经理失望。当她与公司内部的同事发生矛盾时，她总是会表现出一副楚楚可怜的样子，说着说着还会掉下眼泪，而这时总会得到男同事或上司的帮助和安慰。

没想到半年后她们部门的经理换人了，而且换成了一个女经理，而她仍然作为经理的秘书。一次，经理正在开会，公司来了一个客户，于是便说好去作陪。她先给客人倒了一杯咖啡端上去，两个人聊得非常开心，等经理开完会出来时，便示意她出去。她以为自己做得很好，起码客户很开心，可经理接待完客户后却指责她不该给客人倒咖啡，应该倒果汁。"可是李总喜欢喝咖啡啊！"她替自己辩解。

经理听完很生气地朝她吼道："怎么，你很了解他吗？"她自认没做错什么，可经理却指责她，而且似乎话中有话，这让她觉得很委屈，便情不自禁地掉下了眼泪，可经理的脸却始终阴沉着，烦躁地指着门让她出去。

从此以后，她在公司成了闲人，经理再也没让她接待过客户，什么重要的工作也不让她做，只让她干些清扫的活，说是要整治眼泪博取同情的不正之风。

不可否认，女人的眼泪是很有价值的，但掉眼泪也要认清对象，这是哭的一种艺术。女人必须要明白，无论自己处在什么位置，在女人面前流泪，要比在男人面前流泪谨慎得多，因为同性很容易把眼泪视为你苦心对付她的武器，而且容易对同性的眼泪过敏。所以，女人要学会哭，更要哭得有意义。

在人际交往的过程中，女人的泪水能起到重要的作用。对于怕看到女人掉眼泪的男人来说，那是女人温柔且多情的体现，所以是一种具有致命吸引力的武器；而对于那些对眼泪有抵抗力的人来说，眼泪起不到任何作用，而且会适得其反，所以眼泪便成了令别人厌恶的凶器。眼泪是女人的法宝，女人一定要懂得利用，变成有效的眼泪，这样在社交场合中才能发挥必要的作用。

每个人生活在世上都要与人交往，女人也是如此。在社交中，女人只有拥有高超的交际能力和处世技巧，才能走向成功。就好像一位成功人士所总结的：一个人成功的因素，85%来自社交和处世。聪明的女人能招人喜欢，而真正聪明的女人却要懂得明知故昧装糊涂，这样的女人才能更招人喜欢。

大智若愚惹人喜

[太过招摇只会害了你]

时代变了，女性不再沉默、不再柔弱，都纷纷喊出了学会张扬，展示自己的口号。当然，女性独立自主地展示自己的才能没有什么不好，谁有本领谁就能主宰自己的命运，谁有能力谁就能引领世界。可事情远没有想象中那么简单，一个有才能的女人想得到重用并不全靠能力，更要靠智慧，女人聪明固然很好，但不能太爱展示自己，懂得适当装傻的女人别人才会喜欢，才能得到赏识。

巧娣是个非常漂亮又聪明的女孩，大学毕业后她便凭着自己的学历和能力找到了一份很不错的工作。工作的第一天，经理把她交给了公司的一个老职员。

说她老职员并非说她年龄老，她只比巧娣大几岁而已，只是进公司已经一年了。就这样，她便成了巧娣的师傅，教她工作该怎么上手，巧娣悟性很高，学得也非常快，没几天便已经相当熟悉了。她的表现一直非常好，在工作的过程中一直都尽力地表现自己，认为只要表现出了自己的能力，升职便指日可待，所以试用阶段她总是很用心。一个月过去了，巧娣的工作非常出色，她既勤快又聪明又会说话，为公司也创造了效益，甚至超过了她师傅。

巧娣非常开心，她认为自己的成绩肯定能得到老板的赏识，可是她却不知道，正是她出色的表现害了自己。巧娣的师傅，在公司干了一年还未升职，眼看着自己快熬出头了，她怎么能忍受突然出现的一个新人坏了自己的事。

一天下午，正在开开心心做事的巧娣被叫到了人事部，她还很开心，以为老板开始重用她了，没想到的是，自己被开除了。巧娣失落地走出了公司，她不明白，为什么自己一直这么卖力地工作，一直表现得那么出色，结果却被开除了呢？

职场是很复杂的，人生也是很复杂的，在复杂的生活中，女人为人处世必须要严谨，就像在悬崖边行走，稍不留意便会跌下深渊。太出色的女人总是容易令人羡慕，出色又招摇则容易被人嫉妒，并且让人反感，所以，女人在社交中应该适当收敛一点，适当地做到"才美不外现"，这样反其道而行对自己才更有利。

［女人要学会装傻］

当今社会，女性已涉入社交的各个领域，而且社交活动越来越频繁。一个女人拥有了美丽的外形、高贵的气质、优雅的姿态、美好的内在，再加上良好的处世能力，便等于拥有了魅力，而这种魅力便是打开社交之门的钥匙。对于一个聪明的女人来说，装傻便是一种智慧，她们总知道什么时候该表现自己，什么时候装傻，也因此在职场中游刃有余。

她是一个非常勤劳能干的女孩，由于刚工作不久，她对工作非常投入，很认真也很积极，想以此获得直属上司的赏识和提拔。她总是遵守纪律，对待工作眼疾手快，可是这么规范又热情的工作方式，却始终得不到上司的表扬，虽然也没有批评她，但她感觉上司总在有意刁难她。

于是她开始找原因，自己上班从未迟到过，平时打扫卫生也很积极，桌面总是保持得整洁干净，而且一直对自己要求特别严格，工作效率也高，那么，问题到底出在哪呢？

为此，她苦恼了一整天，但仍然百思不得其解，于是便去问朋友。她把具体情况跟朋友说了一遍，朋友听完后笑着说："其实你的问题就出在出色的表现上。"

她不解，于是朋友解释道："你工作这么认真，业绩又这么突出，那不等于告诉领导：'我不需要领导'吗？"

"不是只有表现出色公司才能创造效益，领导才能高兴，自己才能得到重用吗？"她依然不明白。

"领导当然喜欢表现好的员工，但问题是你表现得太出色了，让人挑不出毛病，好像比领导更适合做领导。作为一个领导，如果有员工超过了自己，那他的地位何在呢？领导是干什么的？就是发现并改正员工的毛病和错误，以显示自己作为一个领导的角色。所以，你要懂得适当隐藏自己的能力，有意犯一些小错误，并且要懂得虚心请教别人，这样等于给了领导面子，自然能得到他的欣赏和提拔。"

她恍然大悟，然后第二天就按朋友说的做。她像往常一样在自己的位置上坐下来，但没有收拾自己的桌子，故意弄得很乱。这时领导走过来，指了指桌子，让她要学会收拾桌面，她就像个听话的孩子一样，马上按领导的吩咐做。她以后变得很虚心，而且就算事情自己懂得怎么处理，她也会请示一下领导，就这样，她很快得到了提升。

人忌求全，在社交中，如果一个女人太全面了，别人就会对她有所忌讳。所以，女人要学会适当装傻，学会隐藏一部分才能，学会舍弃一些东西，给别人留有余地，这才是为人处世之道。一时的委曲求全能赢得别人的欢迎，在人生的道路上，受欢迎的女人还怕没有出头之日吗？

真正聪明的女人总是会适当装傻。装傻是一种境界，并非是让女人唯唯诺诺，忍气吞声，它只是女人表现聪明的另一种方式。女人装傻要有技巧，要适当，会装傻的女人总是很招人喜欢，而不会装傻的女人即使能力再突出，也很难为人所用。在漫长的社交生涯中，女人总会面对形形色色的人，关系处理得当，便可以在职场中游刃有余；处理不当，可能从此便一蹶不振。

职业女性，总给人一种很前卫，很有事业心的感觉，人们总会把职业女性跟女强人联系到一起，因为职业女性也总是以工作为重。其实职业女性与女强人的概念是不同的，现代意义上的职业女性不但工作能力强，自身也很有魅力，人际关系也很好，她们总是能像个变色龙一样合理地转换角色，这类女性总是能得到老板的赏识和提拔。

展现你的价值

[做个有工作能力的职业女性]

想要在这个社会上生存，每个人都需要有能力，女人也是一样，没有能力的女人总给人一种花瓶的感觉，只能当做是摆设，中看不中用。尤其在工作中，凡事都是讲求能力的，一个女人再有魅力，如果没有能力公司也不可能白养着她。领导都喜欢工作有能力的女性，真正有能力人的往往都有良好的忍耐力和韧性，她们总能热情地投入于工作中，这种职业女性才能给公司带来效益，从而才能得到赏识。

乔乔是个外表很有魅力的女性，正是因为她的魅力，她的工作一直都非常顺，遇到困难总会有人帮助，她因此也很得意，没有受过什么挫折的她认为，魅力便是一个女人的资本，只要有魅力，有没有能力并不重要。乔乔的工作是前台，她刚开始做得挺开心，但后来她突然觉得自己做前台太委屈了，她在大学时学的是文秘，她认为自己应该做秘书，正好当时经理的秘书辞职了，于是便去找经理申请，令她开心的是，经理同意让她试试。

刚开始她的工作很少，每天的工作只是给经理整理文件、接待一下客人，而且她偶尔还能陪经理出差去外地，这些工作她都在行，经理对她也比较满意。可随着工作的深入，她所接触的工作越来越多，需要给老板制订计划，安排行程，还要向老板提出建设性决策，跟客户谈生意，所接待的客人也是形形色色，聊天她比较在行，可涉及谈生意，她可差远了。好几次，她给经理安排的时间都起了冲突，因此生意也毁了；好几次，她接待客户，但被问到公司的情况，她因为答不上来而让客人悻悻而归，最终还要经理亲自出马，点头哈腰才把生意做成。

终于有一天，经理把她叫到办公室对她说："我想你还是比较适合做前台，从今天开始你还是回前台工作吧！"

"为什么？我感觉做秘书挺好，我以后会用心学习的。"乔乔努力为自己争取。

"那就等我看到你的能力再说！"经理说。

对于一个女人来说，外表的魅力固然对自己有利，可内在的魅力更重要。有工作能力、工作认真热情的女人是有魅力的，在职场中，每一个老板都喜欢那种有真材实料却又谦虚谨慎的职业女性，而那种空有外形却没有能力的女性，充其量也只能当个公司的摆设，只能供人欣赏却无法得到重用。

[做个有交际能力的职业女性]

一个真正的职业女性，不但要有工作能力，还要有很好的交际能力，只有好的交际能力才能为公司拉来客户，才更为公司创造出更高的效益。社交是一门艺术，良好的社交能力能为女人带来机遇和乐趣，魅力是一个人多方面能力的综合体现，只有具备了各方面的魅力，你才能在职场中如鱼得水。所以，女性在工作中，要把工作能力和交际能力结合起来，这样的一个职业女性更能得到上司的赏识。

她是一个很勤奋的女孩，不管是在学习中还是工作中，她都表现得非常出色，简直可以称为一个工作狂。她是半年前进的这家公司，面试时，当她拿出自己的学历证书、各种获奖证书、相关等级证书，再看看她自身的条件，经理便毫不犹豫地聘用她做了经理助理。工作半年来，她一直很努力，工作效率也不错，只是经理见客户时从来不带着她，宁愿自己一个人去，也从来不让她接待客户，明明是一个助理，她觉得自己更像一个管家婆，得不到重用。回想自己对工作的态度，一直都是很热情，很用心，一丝不苟，从未出过错，可为什么经理不器重她呢？她感到很困惑。

经理好像察觉到她心里的不满了，于是有一天，经理把她叫到办公室说："你是不是一直对这个助理很不满意，觉得自己有能力却没有得到重用？"她低头不语。

经理笑笑说："不可否认，你的表现很出色，态度也很好，但仅仅是在工作能力上，在社交方面你却不行，这点你否认吗？"她点头表示同意。

"你知道吗，一个真正优秀的人才，不但工作能力要突出，社交能力也要很强，公司需要的就是这种人才。公司的发展离不开强大的人才资源，客户是怎么来的？是谈来的，这就需要一定的交际能力，要不然凭什么让别人相信你，凭什么让别人相信公司，公司又凭什么赚钱呢？"经理始终温和地给她分析着，她也觉得不好意思起来。

经理接着说："其实你真的很优秀，在处理公司事务上，你处理得井井有条，这证明你是一个非常有能力的人，这也是我之所以一直没有换助理的原因。我一直很看好你，所以你也要试着多跟别人交谈，培养自己的交际能力，这样你的潜力才能得以发挥。我以后会试着带你接触一些客户，你自己也要努力，好吗？"

"好的经理，我明白了，我以后会努力学习的，谢谢您愿意给我机会！"她此刻既羞愧又对经理心存感激。

"这就对了，好了，你去忙吧！"经理很开心地说道。

女性像美玉一样，每个女性都是美的化身，只是聪明的女人懂得把握自己的美，并且把自己的美发挥到极致，所以在职场上便有了优秀的女性和平庸的女性。对于职业女性来说，最引人注目的便是她们的交际魅力，女性如果能在交际中表现出自己的个性，显示出自己的魅力，一定会得到赏识。

　　一个女人在职场上顺利与否，关键在于老板对她是不是赏识。领导都喜欢职业的女性，她们对待工作总是很热情，她们有很好的忍耐力和韧性，她们具有良好的交际能力和人际关系。一个职业女性总是能受上司的欣赏和提拔，她们浑身散发着一种职业女性的成熟魅力，而这种魅力使她们大受欢迎。女人，想要有所成就，就要学着做个受老板赏识的职业女性。

　　不管在生活中还是工作中，说谎的人总是为人所不齿，人们普遍认为，说谎的人要么虚伪，要么就是隐藏着一个大阴谋。当然，并不是所有的谎言都能与坑蒙拐骗画等号，谎言也有不得已而为之的，但是对于女人来说，一定要学会分清别人说的话是真话还是假话，因为在社交中会遇到形形色色的人，每个人都争取着自己的利益，一不小心你就有可能落入圈套。所以，女人一定要学会为谎言系上红丝带。

学会分清话的真伪

[警惕说谎后装实在的人]

　　虽然说诚实是中华民族的传统美德，人们都讨厌身边的人欺骗自己，但是谎言还是始终在我们周围存在，而且世上也不可能有不撒谎的人，只不过谎言有轻重而已。当一个人的谎言并没有伤害到你，或者对方只是不得已而为之，或者对方已经后悔并真心悔过，这时根据自己的意愿，你可以选择原谅，但对于有些人女人一定要警惕。

　　可可跟男友是在一次聚会上认识的，两个人一见如故，一直聊得很投机，于是互留了联系方式。两个人在以后的日子里总是没事就通通电话，或者约出来一起吃个饭，慢慢地就发展成了恋爱关系。男友对可可一直很好，而且嘴巴也很甜，两个人一直相处得很好，仿佛谁也离不开谁。

　　有一天，可可中午跟朋友去吃饭的时候，突然看到男友拿着一束花走了进来，她正想跟男友招手，却看到男友径直朝左边的角落里走去，她的视线顺着男友望去，看到一个女孩正面带笑容地等着男友。接下来发生的一幕让可可简直不敢相信，她看到男友把花送给那个女孩，并且拿起女孩的手深情地吻了一下，就像她们第一次约会一样。可可非常气愤，她走过去拿起桌上的一杯果汁朝男友身上泼去，然后扭头走了。

可可一下午都没精打采，工作也总是出错，没想到男友是这样的人，而自己竟没看出来。晚上，男友跑来忏悔，一个劲地道歉，可可不肯理他，男友向她发誓只喜欢她一个人，并说自己太老实了，不会编什么借口来哄她，乞求可可再给他一次机会。可可心软了，毕竟男友对她也很好，男人偶尔犯一次错误只要真心悔改，为什么不给他一次机会呢？于是便原谅了他，两个人还像以前一样。

只是可可没想到还有第二次，当她又发现男友跟那个女孩偷偷去约会时，她觉得自己的心好像被掏空了，更痛恨自己怎么会相信他。男友依旧诚恳地道歉，只不过可可不会再轻易地相信他了，没想到男友竟然跪了下来，可可的心又开始软了，可是男友接下来的一句话让她彻底死心了，男友说："我一个朋友瞒着老婆去约会，没被发现是因为会说谎、会掩饰，我这人就是太诚实了！"可可突然想起第一次他说这样的话时的情景，现在故伎重演，这种男人自己怎么能相信呢？她毅然跟男友分手了。

一个人犯了错误并不是不可原谅，只要他是真心悔改，可怕的是那种自己做错了事，拼命给自己找台阶下的人。当一个人谎言被拆穿时，要么你就一口咬定自己是无辜的，要么你就真心诚意地改过，不要企图给自己找借口。明明错了还要显示出自己品德的高尚，这是一种无耻的人特有的做法，从某种角度讲这是一种阴谋，所以女人一定要警惕这种人。

[如何识破谎言]

正所谓人心难测，女人在社交中会遇到各种各样的人，也总会被各种各样的谎言所困扰，很多说谎的技术都非常高明，总是让人无法察觉。但是假的总是假的，纸包不住火，谎言再完美也终会露出破绽，那么，女人在社交中应该如何识破别人的谎言呢?

首先,说谎的人对被提及的事情总是很敏感,他们往往不会提及人或事物的本身。美国赫特福德郡大学的心理学家韦斯曼说:"人们在说谎时会自然地感到不舒服,他们会本能地把自己从他们所说的谎言中剔除出去。比如你问你的朋友他昨晚为什么不来参加订好的晚餐,他抱怨说他的汽车抛锚了,他不得不把它修好。说谎者会用'车坏了'代替'我的车坏了'。"一个女人,当你看到自己的男友或丈夫与另一个女人在一起时,如果你不放心便可以问他与对方是什么关系,如果他这样回答:"我和那个女人没什么关系,只是工作上的伙伴而已!"这时就证明他有问题了,明明与对方挺熟,为什么避开名字而只说"那个女人"呢?

其次,说谎者总是把细节记得很清楚。本来在忙碌的生活中是很难记起一些琐碎的事情的,如果你发现当问起几天前的某件事时,对方竟然能把细节记得很清楚,那么这个人如果不是个神童就是大有问题,很可能是他事先编好的。

一天,经理突然发现自己抽屉里的一份机密文件不见了,这份文件已不是十分重要,因为那份文件早已作废了,可问题是什么人把它拿走了,到底要干什么用,想对公司搞破坏吗?她突然有点后怕,幸亏其他文件被自己放起来了,想来想去,她认为肯定是有人趁着前天她去谈生意的时候偷走的,于是她便对最常进出办公室的人作了询问。当问到她的秘书时,秘书显得很镇定,经理问她那天在干什么?于是秘书把那天做的所有事都列了出来,包括她接了几个电话,去了几次厕所,自始至终都是那么镇定。可经理却若有所思,然后第二天就开除了她。

不管说谎的人水平有多高,他们总有一点露出马脚,百密还有一疏,在社交中,女人为了保护自己,一定要掌握技巧,为谎言系上红丝带。

为谎言系上红丝带,可以使女人在社交中多取得一份成功,少受到一点伤害。当一个人跟你说话的时候出现假笑,请警惕对方说了谎话;当一个人被你问到某个问题时眼神飘忽不定,请警惕对方在掩饰什么;当一个人跟你聊到某一个事情时表现得很不自然,老爱触摸自己,那么你要警惕,对方很可能说了谎话。

美满的婚姻
能带来
一辈子的幸福

————●————

6

对一个女人来说，一段美满幸福的婚姻就是其一生的幸福，但是找个好男人、做个好妻子却不是每个女人都有的条件。有人说，女人的痴情是一辈子，男人的痴情往往就那一阵子。这样的话显然有些片面，男人都像孩子，需要女人的疼爱和引导，美好的婚姻就像一所学校，将男人培养成最优秀的毕业生。

俗话说："女人一撒娇，男人就投降。"撒娇既是真女人的自然魅力，又是女人味的气质展现。漂亮的女人不一定能够制服男人，但会撒娇的女人却是男人的克星。对于女人来说，撒娇是她们的杀手锏，比"倚天剑"还要锐利，一旦出手便会击中男人的死穴。再坚强的男人，也会在女人的娇声中手足无措；再勇敢的男人，也会在女人的嗲气中骨肉酥软……总而言之，撒娇不仅会使女人更加可爱，还是其对付男人的独门暗器。

会撒娇的女人有好命

[撒娇是女人独有的武器]

撒娇是女人的专用武器，不会撒娇的女人少了几分韵味，少了几分情愫，而会撒娇的女人则具有化腐朽为神奇的伟大力量，既可触动老公的每一根神经，又可使其百依百顺地听从自己的"指挥"。

由于公司破产，一位极其有钱的富商变得身无分文，曾经爱他的妻子也指责他一无是处，并与他离婚了。

万般无奈之下，这个男人不得不东拼西凑地借了一些钱，在路边摆了一个小吃摊。小吃摊的生意并不好，许多人嫌弃路边脏乱，不愿意到那里吃东西，因此，他每日所赚的钱也仅够糊口而已。

一天中午，猛然间刮起了大风，满天全是沙子。男人暗暗地想：这种鬼天气，恐怕没有人愿意前来光顾小吃摊了。然而，正在这时，一个女人却来到这里吃饭，她要了一碗卤蛋饭，坐在桌子旁吃了起来。外面的风刮得很大，女人的饭碗中不时地飞进一些沙子，她每吃一口就要吐出一些沙粒。

看到这种情景，男人很内疚，他对女人说道："实在对不起，今天风太大了，您吃了不少的沙粒吧？"原本，他以为女人定会满腹牢骚。令他想象不到的是，女人却用一种撒娇的口吻说道："没有啊，我也吃了不少的米饭呢！"听到她的话，男人的心里顿时涌起一股说不出的滋味，他连忙又从锅里盛了一些米饭，放到她的碗中，并加了许多卤料。

在之后的日子里，女人每天都到这里吃饭，男人对她有一种难以言喻的感觉，总是为她多加饭菜。两个人逐渐熟悉以后，女人经常帮他做一些洗碗端饭之类的小事，还时而为他出一些有关生意上的小主意。后来，她索性辞去了自己的工作，一心一意地帮这个男人经营小吃摊。

这个女人的声音非常好听，很多人都喜欢到这里吃饭，与她聊天，小吃摊的生意也随之日益红火。

几年以后，男人用经营小吃摊所赚的钱干回了老本行，事业一天比一天出色，终于又成为一位有钱的富商，而那个女人也成为他深爱的妻子。

罗夫曼曾经这样说道："男人的钱用在女人的嘴巴上。"这个故事形象逼真地印证了这句话的真实性。会撒娇的女人，不仅会为男人带来好运气，还能让男人对其宠爱有加。

在现实生活中，倘若你认真观察关系好的夫妻，便会发现一个共同的现象，那就是妻子很会撒娇，她们不但懂得管理自己的情绪，而且懂得用适当的示弱取代无理的吵闹，如此一来，自然能够使其丈夫对其死心塌地。

［撒娇是女人的重要法宝］

会撒娇的女人既可以春风化雨，又可以裂石开碑，还可以牵动男人的每一根神经，每一寸肌肤。在夫妻关系方面，妻子若能把"撒娇效应"运用得恰如其分，就能使其成为恩爱美满的"添加剂"。

自从丈夫去世后，吴大婶含辛茹苦地拉扯着两个儿子——吴洋、吴天。眼看着两兄弟均长成膀大腰圆的小伙子，吴大婶打心眼儿里感到欣慰。当大儿子吴洋娶了媳妇，小儿子吴天也谈了对象时，吴大婶不禁感到自己的苦日子已经熬到头，终于可以安度晚年了。令她想不到的是，儿子却没有让她如愿。

尽管吴洋结婚不久，但新房里"战事"不断。吴洋从小便性如烈火，他的妻子也是"刚硬刻板"，原本一件极其微小的事情，丈夫不冷静，妻子也毫不忍让，最终却酿成一场恶战。就这样，双方感情渐伤，彼此觉得难以相处下去，只好办了离婚，各奔前程。

一年后，吴天也兴高采烈地把媳妇娶回了家。吴大婶再次担心起来，毕竟她比较了解自己的儿子，吴天的脾气并不比吴洋强多少，也是动不动就吹胡子瞪眼，甚至还会抢拳头。吴大婶密切注意着这对新婚燕尔的夫妻，随时准备着调解"战争纠纷"。

这一天终于到来了，不知为什么，吴天扯着嗓子对妻子大喊大叫，听到此种"警报"，吴大婶急忙闯进小两口的房间，她清晰地看到，吴天黑虎着脸，拳头已高高抬起。

"浑小子，你……"吴大婶的话还没有说完，只见儿媳一不躲，二不闪，冲着吴天柔情蜜意地一笑，并娇滴滴地说道："如果你真要打我，至少打得轻一点呀，来吧，毕竟打是亲，骂是爱嘛……"

听到她的话语，吴天收回了高举的拳头，连黑虎着的脸也被逗得"满园桃花开"，就这样，一场即将发生的风波悄然平息了，吴大婶被儿媳那副撒娇的模样逗得乐开了花。

时间一天天过去，吴大婶发现吴天发脾气举拳头的时候已消失得无影无踪。吴天对她说道："妈，我真是服了她，还是她'厉害'，有涵养……"吴大婶也由衷地佩服这个懂得适时运用"撒娇艺术"的儿媳妇。

事实上，撒娇艺术，就是古之兵法上所谓的"以柔克刚"之艺术，正如老子所说的那样："天下莫柔弱于水，而攻坚强者莫之能胜，以其无以易之。"恰当地运用"柔"，任何坚强的东西均会为之融化，巧妙地运用撒娇，就等于在无形中为婚姻安上了一个"安全阀"。

或许有些妻子会为此而深感不服："夫妻双方是平等的，每个人都有自己强烈的自尊心，难道在拳头与辱骂之下，还要依然赔着笑脸？我才不能服这个软呢……"殊不知，妻子给丈夫一个笑脸，一句撒娇话，绝不是懦弱的表现，与之相反，它恰恰能够显示出为人妻子的智慧、修养、气质与内涵。

面对妻子的撒娇，只要不是压根儿没有人性或根本没有感情的丈夫，便会在大家风度面前败下阵来而自惭形秽，并在这一潜移默化的影响下受到熏陶，自觉纠正自己的偏激性格和不良行为。因此，对于女人而言，当你的丈夫大发雷霆时，不妨尝试一下这招"撒娇绝技"；当你的丈夫心情低落时，不妨使用一下这个法宝。

当丈夫晋升、加薪而回到家中，妻子兴高采烈地拥吻丈夫，用撒娇的方式进行祝贺，丈夫便会沉浸在无限的幸福之中；当丈夫出差、征战归来时，妻子用撒娇的方式表示慰问，丈夫就会一洗疲惫，为之一振；当丈夫遭遇挫折或不幸之时，妻子用撒娇的方式给其以精神慰藉，丈夫就能化悲为喜，重新振作……对于珍视爱情、善于生活的女子来说，都应掌握撒娇的艺术，丰富撒娇的方式，营造撒娇的氛围。只有这样，才能使其家庭生活幸福和谐；才能使其真挚爱情四季常青。

"男人似车，该'修理'时就得'修理'。"这句话对于所有的男人都是比较适用的。男人像车一般，用得久了便需要保养，需要维护，只修理不保养是万万不可的。对于有"车"的女人来说，她们都渴望自己的"车"是完好无损的，永远属于自己一人，既不要"出租"，也不要"转让"。因此，当你的"车"出现毛病时，该"修理"时就得"修理"。

不能让男人全说了算

[不要一味地迁就男人]

男人喜欢温顺的女人，以满足他统治世界的需求。然而，倘若女人总是对其百依百顺，他就会感到索然无味，毕竟爱情需要异质精神力量的碰撞。在男人面前，如果你时常百依百顺，就会在无形中失去自己的独特个性，当你与男人的步调完全一致时，男人就会取消你所存在的合理性，既然你的存在已显得多余，他将会不由自主地把目光转向别的女人……因此，对于女人来说，千万不要一味地迁就自己的丈夫，男人该"修理"时就得"修理"。

有这样一对夫妻，他们已经结婚10年，感情颇深，在三千多个日日夜夜里，从未发生过任何摩擦，周围人都羡慕地称赞道："天上不多，人间少有。"

正如人们所说的那样，妻子"贤惠"到了"登峰造极"的地步：丈夫让她朝东，她绝对不会朝西；丈夫让她站着，她绝对不会挨着椅子边……于是，丈夫总是在人前沾沾自喜地说道："俺那老婆，嗨，简直无可挑剔。"

一天，丈夫莫名地烦恼起来，不愿意去上班，连续几日待在家中蒙头大睡。

妻子不但不对其加以责怪，反而更加悉心照料。丈夫睡醒之后，整个人仿佛变了个人。以前从不沾酒的他，却抱着酒瓶大喝起来。妻子不但对此见怪不怪，反而买来许多酒，并特意做了一些下酒菜。

就这样，丈夫愈加放肆，喝完之后，便大声辱骂妻子，骂到激动处的时候，还伸出手来对其殴打。这时，妻子依然强装笑脸，而不追问自己挨打受骂的缘由。

面对如此一位"贤"妻，丈夫仿佛丧失了人性。一天，他写下一份《离婚协议书》，并逼迫妻子在上面签字。妻子强咽着心中的苦水，跪下来苦苦哀求，但丈夫却走火入魔，似乎不离婚便无法继续活下去。

此事惊动了双方父母和双方单位领导，大家在惊诧之余，急忙了解内情：莫非丈夫有了外遇，还是他的精神有异常？莫非妻子对丈夫照顾不周，还是妻子本身的作风有问题？他们认为这些均不可能发生，便把"枪口"全部指向丈夫，单位使出行政手段，父母抡起拳头擀面杖……尽管他们想尽办法，使尽手段，但却无法改变丈夫离婚的决心。

丈夫毫不犹豫地把离婚诉讼交至法庭。开庭那天，妻子的"同盟军"全部走上法庭，纷纷阐述其妻的好处，并指责丈夫令人感到费解的"禽兽"之举。在这种情形下，法官也坚决为其妻撑腰，且要求丈夫向妻子赔礼道歉，然后一起回家好好过日子。

令他们感到出乎意料的是，丈夫却正襟危坐，无动于衷地说道："不行，这婚非离不可！"刹那间，多年乖顺的温情，多日忍辱的痛苦，在其妻的心中积聚而成一股怒火，她向"不仁不义"的丈夫冲去，猛然抡起胳膊，"啪"的一声，赏给了丈夫一记闪亮的耳光，并喝道："离婚就离婚，谁怕谁呀，我跟你无法过了……"

这时，奇迹却出现了——挨打挨骂的丈夫顿然笑逐颜开，居然当众抱住妻子，并给了她一个热吻："亲爱的，不离了！我永远都不会离开你的，走，我们回家去……"

这个故事暗示我们，丈夫不是"鬼迷心窍"，而是激发妻子的个性；不是在"犯贱"，而是在寻求一种家庭中所必须拥有的新趣味。毕竟妻子带给他的生活太平淡了，平淡得就如一潭死水，在这潭死水中生活，时间长了，任何人都会产生枯燥乏味之感。因此，对于女人而言，若要与丈夫之间的感情更和谐，更融洽，就不要像这位妻子那样一味儿地迁就丈夫，男人该"修理"时就要"修理"。

［男人如车，你得学会修理］

男人若想读懂女人，就要把她当做一杯茶，不仅去喝，还要品味；女人若想读懂男人，不妨把他视为一辆车，不仅去坐，去开，还要学会修理。

20世纪70年代末，李安在美国留学。在一次偶然的聚会上，他认识了性格开朗的林嘉惠。经过五年的恋爱，他们如愿以偿地喜结良缘。

婚后，李安前往纽约大学攻读导演学位，妻子则在另一个州攻读药学博士，尽管两个人仅能在周末时团聚，但彼此间的感情却颇为要好。在竞争倍加激烈的好莱坞，作为华人的电影艺人想要闯出一片真正属于自己的天地，又谈何容易？毕业之后，李安没有得到任何工作机会，只得依靠做药物研究的老婆养家糊口。在那段漫长的日子里，李安承担起照顾家庭与孩子的任务，每天除了翻阅大量的书籍外，就是买菜做饭、接送孩子。

李安长期吃软饭，连亲戚都看不过去了，便对他说道："许多人都能为了生存而放弃兴趣，为什么你却不能呢？"听到诸如此类的话语，李安感到非常内疚，于是悄悄地学习电脑知识，并准备从事IT工作。林嘉惠发现这一现象后，对他大骂了一顿："现在学习电脑的人这么多，又不差你李安一个！"

就这样，李安依靠《喜宴》、《推手》、《卧虎藏龙》、《饮食男女》等影片逐渐成名。当他获得生平以来第一个国际大奖时，便打电话告诉自己的妻子，而林嘉惠则责怪他在半夜打扰自己睡觉。当他获得台湾的金马奖时，记者向他问道："在获奖后，你最想做的事情是什么？"李安风趣地说道："我最想做的事情就是赶快回家被老婆骂一骂。"

在成名之前，李安曾在家里当了七年的家庭主男，整整吃了七年的软饭，充其量也只能被称为"怀才不遇"。然而，在妻子林嘉惠的"修理"之下，他却能一鸣惊人。

诸多时候，一个女人可以对男人的一生起到决定性的影响，关键取决于你如何去影响，如何助其成长。倘若当年林嘉惠什么也不说，心甘情愿地养活李安一辈子，那么，他就会越来越懒，最终沦落为标准的"纯宅男"；倘若林嘉惠整日像怨妇那样唠唠叨叨，那么，李安就会自暴自弃。绝大多数男人都是吃软而不吃硬，因此，在"修理"男人的时候，女人应该在原有的基础上进行引导改造，而非回炉塑造。

婚姻似镜台，应时刻拂拭。所谓修理男人，并不是把他变成你的顺臣，毕竟夫妻之间，没有将军与奴隶之分。适当的修理就像为自行车上油，只是为了保持一定的敏感度。一旦觉察到苗头不对，便可及时加以调整，以使双方情感的车轮畅达前进，向着好的方面发展。对于女人来说，当男人需要"修理"的时候，千万不要由于感情日久而使自己的神经变得麻木，而应酌情对其进行"修理"。

当一切风花雪月的故事定格在初恋时分，当新婚的激情日益消退，当锅碗瓢盆所演绎的婚姻生活逐渐平淡……这时，女人才会意识到"二人世界"并没有想象中的那般浪漫，不但淡如止水，而且有时烦琐得吓人，久而久之，便会毫无兴致。因此，她们便会发出这样的感慨：曾几何时，那种浪漫而又温馨的感觉为何就消失得无影无踪了呢？

男人也爱惊喜

［细心"包装"，创造惊喜］

爱的感觉，总是在开始的时候尤为甜蜜，觉得自己多了一个人陪伴，多了一个人与之共享喜怒哀乐，从此便不再寂寞，不再孤单，毕竟有一个人在想着你，恋着你。但是在婚后，随着认识的加深，女人逐渐发现丈夫的许多缺点，于是问题便一个接一个地出现，她开始厌烦、开始疲惫甚至想要逃避。倘若不用一些惊喜来点缀平庸的日子，彼此之间还会如胶似漆、难舍难分吗？倘若这样持续下去，难道不会使她对婚姻生活产生倦怠感，甚至使婚姻过早触礁。

克利与赵杰已经结婚六年，有人说婚姻走到这个阶段，夫妻双方都会产生审美疲劳，婚姻生活也会由此变得平淡。然而，克利的婚姻不但没有日益平淡，反而越来越有情调，越来越幸福，克利认为，她的"秘笈"就是善于不时地给丈夫制造惊喜，使平凡的婚姻生活折射出不平凡的光芒。

2003年，克利与赵杰步入了婚姻的殿堂，幸福而和谐的生活由此拉开了帷幕。克利对经营婚姻和感情颇为用心，可以说是花费了不少心思。一次饭后，赵杰在与克利闲谈之中，无意说了这样一句话："我的MP4也该升级为MP5了。"

对赵杰而言，他仅仅是说说而已，并无他意，但克利却是一个有心人，一直念念不忘。到了情人节的时候，她为丈夫制造了一个莫大的惊喜——买了一个MP5放在送给赵杰的巧克力盒中。当赵杰打开盒子的一瞬间，发现里面还躺着一个崭新的MP5，随后又看到克利合着音乐的录像，他激动得两眼热泪盈眶，并把克利紧紧地抱在怀中，那一刻，克利感到一种前所未有的幸福。

赵杰平时喜欢吃一些零食。有一次他回到家，看到克利为他留的纸条：我把小食品分别藏在家里的不同地方，想知道都有什么，就努力地寻找吧！于是，他立刻开始东翻西找，竟然找到了不少好吃的东西，比如，牛肉干、锅巴、瓜子……每找到一种食品时，都觉得是一种惊喜。试想一下，这种惊喜是不是比她直接把零食递到赵杰手中更有情调呢？

常言道："相爱容易相守难"，走进婚姻的围城，两个人的生活才刚刚开始，只有保持热恋时的浪漫，才能让婚后平淡、琐碎的生活"时时有惊喜，分分有新意"，才能永葆爱情的新鲜美好。

在婚姻生活中，制造惊喜是一件轻而易举的事情。有时，对于一些事情来说，只需经过细心"包装"，就能变为莫大惊喜，如此一来，不仅会让丈夫为之感动，还会令其开心无比，更重要的是，它能使婚姻保持一种新鲜感。

[制造情趣，增进感情]

有人曾这样说过："童话故事给我们的启发是青蛙变成了王子，婚姻给我们的教训是王子又变回了青蛙。"的确如此，在结婚之前，女人对婚姻生活充满着一种新鲜的感觉，对过家庭生活极富热情，但结婚之后，新鲜感就会消逝，女人便会觉得日子都是一个样，今天仿佛是昨天的翻版，明天又像是今天的翻版，不但找不到生活的鲜活感，反而变得机械，甚至麻木。事实上，对于女人而言，尽管不能改变这种平淡的生活，但却可以想方设法使它变得更有意义。这时，不妨尝试着为丈夫制造一些惊喜。

吴昊与静莉属于青梅竹马，彼此熟悉得连呼吸频率都十分相似。久而久之，婚姻便有了一种沉闷与压抑，吴昊知道她体贴入微，知道她关怀备至，但依然对其感到不满。

　　终于，在一天下午，吴昊鼓足勇气向静莉问道："你为何连一点情趣都没有呢？"静莉尴尬地笑了笑："怎么才能被称得上是有情趣？"后来，吴昊想离开静莉。静莉充满疑惑地问道："为什么你要这样做？"吴昊不假思索地回答道："别人的老婆都是那样浪漫，那样有情调，而你却让我过着死水般的生活……"静莉灵机一动，心平气和地说道："那么，就让老天来决定吧，倘若今晚下雨，就说明天意让我们走在一起。"

　　到了晚上，吴昊正准备躺下睡觉，便听到"滴答滴答"的声音。一时间，他感到格外惊奇：莫非是真的下雨了吗？于是，吴昊走到窗前，玻璃上正滚淌着水滴，而夜空中却是满天繁星。他爬到楼顶，却意外地发现，静莉正在楼上一瓢一瓢地向下浇水。望着眼前的一幕，他的心不禁为之一动，从后面轻轻地把静莉抱住。

　　从这个故事中，我们可以看出，静莉的"人工制雨"的确给了丈夫一个很大的惊喜。在婚姻生活中，只有学会为丈夫制造惊喜，才能增进彼此之间的感情。

　　婚姻是需要惊喜的，它犹如沙漠中的一片绿洲，让我们疲劳的眼睛感到美和希望；它犹如冬日里的一朵鲜花，让我们真切地感受到婚姻的美好……如果说忠贞是爱情的堡垒，那么，惊喜则是婚姻的灵魂。多为丈夫制造一些惊喜，既可以使你的生活变得五彩缤纷，又能使其在情趣中找到轻松快乐的感觉，还能使其婚姻变得更加美丽动人，更加和谐长久。

　　时常为丈夫制造一些出乎意料的惊喜，便会起到感情"兴奋剂"的作用，比如，瞒着丈夫，将他在远方的亲人接来会晤；在某个不是节日也不是纪念日的日子，为丈夫送上一束鲜花；原本出差应该今天回来，却告诉丈夫明天才能返回，然后突然出现在丈夫的面前……这样一来，不但会使夫妻之间迸出强烈的感情之花，而且还会在油然而生的惊喜中掀起欢腾的爱情热浪。

曾有这样一则电视广告：有一种快速除去疤痕的特效药，不论疤痕有多么难看，只要将此药轻轻一抹，疤痕就会消失得无影无踪。它不禁使人们联想到：倘若婚姻出现了伤痕，能否拥有抚平婚姻疤痕的特效药呢？

夫妻相处，当彼此宽容

[爱他，就要包容他的一切]

古人云："乾坤以有亲可久，君子以厚德载物。"对于一个女人来说，包容既是其最基本的道德基础，又是其卓识胸怀与人格力量的体现，更是其快乐的源泉所在。

当婚姻出现了伤痕，应该如何处理呢？是让那伤痕自由恶化，还是想方设法抚平它呢？如果你还爱着他，就一定渴望能够把彼此间的婚姻好好维持下去。那么，选择何种方式才能尽快走出心中的阴影，抚平夫妻之间的裂痕呢？包容则是一种最为有效的方法。

这是一个幸福美满的家庭，男人是一家企业的董事长，温文尔雅，风度翩翩；妻子是政府机关的一名公务员，聪明漂亮，善解人意。丈夫对妻子关怀备至，妻子也对丈夫呵护有加。

不料，在偶然的一天，她却发现丈夫有私情。

由于工作的需要，她要到远方出差。在去机场的路上，突然想起一个重要的文件忘在家里，便立即吩咐司机掉头往回走。

到了家门口的时候，眼前的一切不禁令她为之一怔。他看到丈夫慌慌张张地打开房门，让一个女人先进去，随后向四周认真地观察了一番，确认没有被他人发现，才"砰"地一声关上房门。那个女人是他的下属，住在他家附近的一个小区里。

依照常理来讲，她应该不假思索地冲进屋内，当面揭穿他们的隐情。但如此一来，势必将会掀起一场轩然大波，这样不仅会激怒那个女人，还会令他感到难堪，甚至把他推至那个女人的身边。她不想酿就此种结果，并深信，他只是一时糊涂而已，在他的心中，依然深爱着自己。但装聋作哑不但会使自己承受巨大的痛苦，而且还会使丈夫越陷越深。在再三思考与斟酌之下，她决定给那个女人一个台阶，使其自己掐断这份私情。

她果断地从提包中掏出手机，拨通家里的电话："老公，我把一个重要文件忘在抽屉里了，你把它找出来吧，我请小璇来拿。"而小璇正是那个女人。还未等他回答，她又拨通小璇的电话："小璇，请你到我家里拿一份文件送给我，好吗？我在超市门口等你。"

几分钟后，那个名为小璇的女人出现在她的面前，脸上充满着尴尬与羞愧。她接过文件，若无其事地说道："谢谢你！"然后吩咐司机开车。此时此刻，她再也按捺不住自己的感情，任由泪水顺着脸颊滂沱而下。她暗暗地想：倘若这样依旧挽不回丈夫的心，那么，她真的应该放弃这段失败的感情了。

事实证明，她的做法是完全正确的，她应该为自己当初的理智而感到自豪。多年过去了，丈夫再也没有越出雷池半步，在他和她之间，仿佛没有发生过任何不快一般，依然幸福地生活着。而丈夫与那个女人断绝来往后，不止一次地对朋友说道："她是我所见过最智慧的女人。对她，我不但尤为崇拜，而且不胜感激。"

倘若不包容自己所爱的人，无异于把他重新推进别人的怀抱；倘若你依然深爱着他，这种违心的做法不是令自己更加痛苦吗？

在滚滚红尘中，到处充满着诱惑，"人非圣贤，孰能无过？"对于爱人所犯的错，应该像母亲原谅孩子所犯错误那样，用自己最大的耐心帮助他改正错误，绝对没有哪位母亲由于孩子犯了错误而抛弃他们，由于孩子的过错而对其加以嘲笑。因此，对于女人来说，请给男人一次改过自新的机会，用母亲般的慈爱去安抚他、接纳他吧！

[包容是金婚的钥匙]

英国有一个名为爱塞克斯的小城，任何一个女人来到此处，假如她愿意跪在当地教堂门口的石头上，发誓说在婚后的一年内，她没有与丈夫吵过一次架，没有起过"后悔当初不该结婚"之心，就可获得一大块烟熏猪肉。据说在1226年至1776年，550年之间仅有3个女人领到了所谓的烟熏猪肉奖……事实上，它并不能说明婚姻的脆弱，而恰恰证明婚姻中的女人应该包容自己的丈夫。

曾有这样一对金婚夫妇，尽管夫妻双方均已白发苍苍，但却精神抖擞。老伯伯神采奕奕，老太太优雅动人，两个人时常肩并着肩，出双入对，宛如初恋的情人。

在金婚纪念宴会上，一位中年男子向老太太索要金婚的钥匙，并问道："难道伯父这辈子没有做过让你生气的错事吗？"刹那间，老太太扑哧一笑，并回答道："当然有哇！只不过，我多是视而不见。比如，当我怀着第一个女儿摇摇晃晃地到医院进行检查时，竟然看到他手捧鲜花正在重症监护室探望他的第一个恋人……"中年男子接着问道："伯父这辈子没有骂过你吗？"听到他的话语，老太太乐呵呵地说道："当然骂了，还骂得好凶呢！不过，我总是充耳不闻。比如，有一次，我不小心把墨水弄倒在他的公文包上，他居然不停地骂了我半个多月……"

从这个故事中，我们可以得知，金婚的钥匙就是"视而不见"与"充耳不闻"，就是对对方缺点的包容，对对方错误的忍让。

在现实生活中，尽管诸多女人都深知"计较是吞噬爱情的癌细胞"，但她们却不能包容丈夫的点点滴滴。其实，在绝大多数婚姻破裂的事件中，并非所有的家庭都是由于一些重大事件而过失，与之相反，许多家庭往往是由于一些微小事情而崩溃。因此，对于女人而言，只有用博大的胸襟包容你的爱人，才能使裂痕的婚姻恢复至昔日的光洁；只有用温柔的情怀包容你的爱人，才能使彼此幸福的笑容绽放在阳光之下。

"天称其高，以无不覆；地称其广，以无不载；日月称其明者，以无不照；江河称其大者，以无不容。"对于一个女人来说，包容既是其成熟的标志，又是其气度的体现。爱他，就要包容他的缺点，包容他的错误，包容他的一切……只有包容你所爱的人，才能使爱情美满长久；只有包容你们的婚姻，才能使幸福快乐永驻身边。

"七年之痒"是个让人听了心寒的词，相信许多人听到这个词后也会有神经质的可能。随着结婚年龄的增加，女人脸上的皱纹也开始不知不觉地爬了出来，琐碎的家务活，忙碌的生活，没有休止的与男人吵架，使本来娇嫩的皮肤逐渐变得枯萎起来，本来充满激情斗志的生活也逐渐变得越发枯燥无味。可是，谁也无法阻挡蹉跎的岁月给婚姻带来的疲惫。七年的时间到了，于是男人的心里开始发痒，本来就觉得已经够委屈的女人这下子就更有点不知所措了。早知有今日的婚姻，何必当初不好好的经营呢？所以，聪明的女人，一定要懂得提前为自己的婚姻止痒，做到让男人心里从此不再发痒，这样幸福就一定会理所当然地来到你的面前。

别让矛盾越积越多

[不让"七年之痒"跨进门槛]

"七年之痒"如今已经成为社会人士所公认的一个话题，因此"七年"也是为许多夫妇所敏感的数字，本来七年是个很正常的数字，可经过舆论的说法，七年从此变得就不再是一个数字那么简单了。一到七年，许多夫妇就会给对方亮起红灯，提醒对方，最终不是双方闹得不愉快，就是闹得离婚。所以说，无需在乎什么"七年之痒"。

他们结婚有六年多了，可是他们的婚姻生活却是一日不如一日，他的脾气也一天不如一天了，每天回来不是乱发脾气，就是一声不吭，这让她觉得危机快要来临了。

记得刚结婚那时，他总是非常浪漫，每天牵着她的手漫步在黄昏的街头，漫步在小区的河边和路边的林荫道旁，有时候还蛮有兴致地拉她去吃烛光晚餐，坐摩天轮。就连平时他不喜欢看的电视剧，但是有了她的陪同，他一样会沉浸其中。那时候的她每天沉浸在新婚之日中，对自己的婚姻生活也非常自信。

本以为自己的婚姻花朵会一直在春日和煦的阳光中绽放着，可是如今已经不再有昔日的春色，花朵也因缺水将要枯萎，两人的矛盾越来越多了起来。难道电视上说的"七年之痒"真的有这么灵验吗？难道七年真的是个难过的门槛吗？不行，绝对不能相信世人的这个奇怪魔咒，即使再艰难，也一定要让自己越过这个难过的门槛。她在心里暗暗下着决心。

冬天快要到了，眼看就要到了七年的时间了，她傻傻地呆着，突然想起他的脸一到冬天就会发痒，一痒起来就容易冻烂，所以为了让他不受那难以忍受的痒，她到药店买了药。

第二天早上，见他吃过饭后就要出门上班时，她把他叫住了，拿出药递给了他。他接过药，看了看，却不知道那是干什么用的，她想他也不知道。因为几年下来，每年春天都是她亲自给他上的药，而每次她上药时，他就乖乖地把脸伸过去，却从来都没看过那药的名字。

她说了那是给他的脸止痒的药后，他愣着站了半天，才明白过来她对他的好，于是便上前一下子拥住了她，他也终于明白了自己是离不开她的。

作为女人，要想让自己过得幸福，就要提前为自己的婚姻止痒，而无需非要等到七年之后男人心里发痒，最终闹得不可开交，于是，幸福就不复存在了。

吵架是两个人的事情，一个巴掌是拍不响的。所以当发生矛盾时，男人一般都比较容易冲动，所以这时候，女人不妨让自己大度一点。

女人通常都是婚姻的主角，所以想要拥有完美的婚姻，女人不妨用平和的心态去好好地爱自己的男人吧，这样的话，才有与他携手共度今生的可能。

[提前稳固男人那颗易痒的心]

其实，夫妻之间因为一点生活琐事经常拌嘴吵架是很正常的事情，也是小事，既然是小事，就无需争来吵去的，非要分个是非清白，这样子，最容易把小事变成大事了。作为女人，首先要懂得容忍，丈夫发脾气，自己也不要跟着糊涂，否则的话，最终伤心的一定会是自己。

早就听说有"七年之痒"的她根本就不在乎这种说法，因为在她的眼里，婚姻的幸福生活是没有时间限制的，况且神仙月老为世界上的每一对情侣牵线到一块，又没有规定断线的时间，所以她一直都感到这种说法非常可笑。

的确如此，如果两个人携手踏上婚姻的殿堂以后，只要两个人一路互相忍让，互相谅解，互相扶持的话，相信幸福会是永远属于他们的。但是如果两个人结婚前爱情甜如蜜，结婚以后两个人就互相猜疑，互相争夺，仿佛结婚了就理所当然的谁该听谁的话，那么别说七年，就是一年两年，甚至半年可能都会闹得不可开交。

为了验证自己的思想理论的正确，她还特地为自己打了预防针。结婚以后，她就与丈夫约定，两个人一旦吵架，不管是谁对谁错，第一次必须由丈夫主动道歉，第二次自己会主动道歉，等有了第三第四次，就得轮流道歉。但无论何时，都不准闹得天翻地覆，无论吵得多么激烈，双方都不准把"离婚"说出口。

正沉浸在结婚甜蜜初期的丈夫笑着答应了她的要求，可是没想到丈夫忘性大，总是忘了道歉。于是等到两个人心情都平静下来的时候，她就总是开着玩笑对丈夫说他有健忘症，并且要给他买药吃，这时候丈夫总是会哈哈大笑起来，一把拥着她，做出道歉的姿态，逗她也笑。

果然，这个方法很有疗效。不知不觉中七年就过去了，而丈夫竟然还没有感觉。终于，她得意地扬了扬头，露出了一个甜甜的笑，她明白了，她的艰难时刻过去了，度过了这么一个时刻，丈夫的心也许不会再容易痒了。

大多数女人都希望自己有个幸福美满的婚姻，都希望自己能与丈夫恩恩爱爱，没有遗憾地白头偕老。可是，恩恩爱爱、白头偕老在如今的社会似乎已经很少见了，因为现在社会都追求结婚自由，离婚自由，所以弄得很多夫妻之间会因为一点小矛盾就吵架，就离婚。于是"离婚"这个字眼，对如今的这个社会来说，已经像吃家常便饭一样普遍了。那么，到底是什么原因使双方都到了过不下去的地步了呢？难道就非得闹得双方最终都不愉快、都痛苦的地步吗？其实有时候完全没有必要。

　　想一想，两个人相处时间长，必然会产生矛盾，会吵架，但如果想到面前与你吵架的那个人就是要与你过一辈子的人，这样只要一方肯宽容一些，相信最终的结果也一定不会太糟糕。女人想要幸福，首先一定得让自己变得聪明起来，从小事做起，认真地去对待你的丈夫，去对待你的家庭，以乐观的态度去生活，相信你一定能保持婚姻的长治久安。

　　夫妻双方整天都呆在一块，发生矛盾是在所难免的事情，可是如果都不肯及时地去解决矛盾的话，矛盾就会越积越多，这样一来，迟早会影响你们的婚姻状况的。婚姻产生冷战，一般受伤害最大的就是女人，所以女人一定要努力用自己的聪明才智，留住丈夫的心，为丈夫随时止痒，让他感觉到你的存在，从而打造自己的幸福婚姻。其实，婚姻是需要双方共同经营的，必须都要用诚恳的态度去认真地对待才可取得真正的幸福。可是，在婚姻的爱情法宝里面，其实女人的经营还是占主导地位的。想要做个幸福的女人，就要懂得付出，懂得为自己的婚姻提前止痒。

家里每天都是鸡飞蛋打的，女人与丈夫的战争不断，根本就没办法平下心来过日子了，然而这时候女人却宁愿忍受丈夫的一次次出轨与一次次的打骂，为了孩子坚持不离婚。其实这样的女人是可悲的。家庭的战争不断，那么孩子能幸福吗？不但不能幸福，而且还可能会对孩子的心理成长产生巨大的影响。为了孩子勉强度日，不但自己不能幸福，孩子也要跟着忍受痛苦。所以，想要得到幸福的女人，与其每天过着地狱般的生活，忍受丈夫的离心离德，还不如早点敞开心扉，用理智的头脑，做出最明智的选择，与丈夫离婚。

有时离婚才是幸福的开始

[孩子不能成为离婚的理由]

为了孩子，就不离婚。其实对于女人来说，这完全是一种错误的认识。家庭不幸福，父母不幸福，孩子是不会幸福的。所以，与其懦弱地为家庭做着无谓的牺牲，还不如认清婚姻的本质，早点让自己解脱，让孩子解脱。其实，离婚未必是一件坏事。只要端正心态，吸取经验与教训来为自己重新寻找目标，相信幸福还是会降临的。

她和他是自由恋爱的，很幸福的一对，虽然他不是很有钱，但一室一厅的房子让她心里就很满足了，因为对她来说，房子的大小并不重要，重要的是他的一颗心。恋爱两年多后，他们就结婚了，家还是那个小小的一室一厅，但是她依然觉得自己很幸福。

婚后他们有了自己的孩子，为了让生活更好一些，孩子才一岁多，她就把孩子送到了娘家，找了一份不错的工作。在公司里，她认识了一个小她两岁的女孩，在她的一再帮助下，慢慢地两个人就成为了好朋友。

没过多久，她就领着她的好友到了家里，当她把好友介绍给他的时候，好友笑得很妩媚，眼睛里闪着光，还主动地和他说话，她觉得好友随和的性格到哪里都是让人喜欢的，所以并没有太多的介意。

她的好友很会做菜，而她在这一点是不能及的，为了也能做上一手好菜，她就经常领着好友上她的家里，让好友教她做菜。每次做完菜后，三个人都会一块吃，她觉得这样的日子很幸福。可是唯一让她心里不舒服的是好友和丈夫好像越聊越开心了，甚至有时候开一些无边无际的玩笑，在吃饭时，丈夫不但会给自己夹菜，也会给她的好友夹菜。这让她有些不舒服，但因为是好友，她也没有太多的介意。

一次，好友因为有事请假了，正巧那天她把公司的资料落在家里了，等她推开家里的房门时，被眼前的一幕惊呆了，好友和丈夫正在床上……半天，她才回过神来，她实在是不敢相信自己的眼睛。

她拎着行李回娘家了，他没有拦住。后来他三番五次地去娘家找她，她都没有说话。一次，他终于急了，在她面前跪了下来，眼睛里噙着泪水，说为了孩子，让她原谅他。看到他的举动，她心软了，就回家了。可是回到家中，她一句话也不想说，每次看到那张床，她就想掉泪，这样的日子整整持续了一个月，她实在是熬不下去了，于是决定与他离婚。在他的再三请求下，她仍旧坚持着离婚，无奈之下，他只好在离婚协议书上签下了自己的名字。

因为一点小事，有的夫妻就闹离婚确实很不好，但是要离婚的夫妻一般都不会因为小事就离婚，而是因为他们的内心再也装不下彼此的任何东西了，日子也实在是过不下去了，所以才想到离婚。既然感情已经破裂到这种地步了，那么为什么不离婚呢？

很多女人会觉得离婚了，对孩子不好，是的，一切为了孩子，那么难道说为了孩子就应该继续将就这个不能让人幸福的婚姻，从而让自己受苦一辈子吗？一辈子的路很长，聪明的女人应该明白，如果家庭每天弥漫着战争的烟雾，孩子是不能够幸福的。如果为了孩子的话，那么就应该选择离婚，重新为孩子找到一个幸福的家庭。

[为了面子忍受屈辱，不值得]

有很多家庭，夫妻关系已经到了无可救药的地步了，可是为了遵守封建的婚姻观念，就无奈地"搭伴过日子"，其实这样做是很迂腐的行为。要知道，夫妻双方是要生活一辈子的，假如一辈子都活在痛苦的生活当中，那么这一辈子又有什么意义可言呢？活着就是要开心的，潇洒幸福的生活才是每个人的真实追求。

她的家里是农村的，不是特别的富裕，所以她初中毕业就进了一家服装厂，不再上学了。到了结婚的年龄，有人给她介绍了一个城里的对象，没过多久就结婚了。当村里人听说她嫁了个城市人的时候，都非常高兴，她也感到由衷的满足。

可是，结婚不到一个月，丈夫的本性就露了出来。一天晚上，两个人因为一点小矛盾就吵了起来，丈夫一气之下，离开了家。一直到半夜，丈夫才回来，可是看到丈夫竟然是喝得醉醺醺的，回来后就开始唠叨，见她不说话，丈夫就开始动手打她。

随后的日子，每次丈夫心里不舒服，就会去外面喝酒，喝完酒后就打她。刚开始时，丈夫只是对她扇巴掌，用脚踢，可是后来丈夫竟然揪她头发，拿皮带抽她。她每天吓得不敢回家，也不敢上街，怕邻居们看到。一次晚上，趁着丈夫又出门喝酒的时候，她就偷偷地拉着行李逃到了娘家。

娘家人看到她独自一人半夜回到了家，而且身上还青一块紫一块的，明白了她一定遭到了毒打，顿时，她的爸妈对那个城里的女婿恨得咬牙切齿。于是她的嫂子就劝她离婚，她想了想说："能过就将就过吧，离婚的话村里人会笑话的。"

第二天一大早，他的爸妈、哥哥、嫂子领着她回到了城里的家，原本打算好好地教训她丈夫一顿，谁知道，她丈夫见她娘家来了这么多人，就跪在地上磕头，并且还口口声声地说从此改过自新，决不再动手打她。

娘家人见女婿也颇有诚意，原谅了他。没想到，娘家人刚走，她的丈夫把大门紧紧地锁上了，一下把她推到了地上，又拿出了皮带，开始使劲地抽她，嘴里还不停地骂道："让你去告状，这次看你还告不告了！"之后，丈夫每天对她仍是拳打脚踢的。终于，她醒悟了："像这样一直过着何时是头？难道要丈夫打死自己才心甘吗？别人笑话就笑话吧，总比自己忍受着强。"

于是，她再次找到机会逃出来，在娘家人的协助下，为自己的伤势做了鉴定，并下定了决心要离婚，这次，她终于获得了解放，随后心情豁然开朗。她没想到离婚的感觉竟然也会是这么的好，竟然让她从此摆脱了那残酷的命运。

人活一生，不是为了别人而活，也不是为了孩子而活，更不是为了悲哀的家庭而活。女人要想幸福，就应该做出自己的选择，以自己为圆心，做自己的主人，做生活的主人。命运不是天生的，幸福要靠自己追求。所以，当生活实在无法继续下去时，请选择离婚，因为这时候离婚才是最佳的生活方式。

很多女人一提起离婚，就会觉得很可怕，认为自己一个人的力量太微小，没有勇气，没有信心生活下去。其实，离婚并不可怕，最可怕的是要一辈子生活在不幸的婚姻之中。对于不幸福的婚姻生活而言，离婚就是最好的解脱。幸福是靠自己努力争取的，幸福的婚姻是靠智慧创造经营出来的，假如在努力和追求的前提下，最终得到的是痛苦与失败，说明你的努力还是不够。失败了重新站起，吸取前者的教训，让一切重新开始，相信命运的强者必然会属于敢于追求的人。所以，假如生活实在无力挽回，不妨就选择离婚，离婚是为了重新生活，只要勇敢地面对，相信幸福依旧！

　　夫妻吵架，本来是很平常的事情，一般的夫妻吵过架后，就会越来越生气，闹上半天，或者更久的时间。而有的夫妻则不同，他们则会越吵架越能吵出感情。看来吵架也是一门艺术，把架吵好了，不但不会伤及彼此，而且还会使感情更加稳固。作为女人，学习吵架这门功课也是很重要的，聪明的女人会把吵架当做一种增进感情交流的平台，而愚笨的女人则会把吵架当做自己的一种发泄工具。所以，女人要学会吵架，要把吵架当做一种和男人交流的工具，只有这样才会越吵越合。

学会吵架

[吵架，增进感情的催化剂]

　　结过婚后，许多女人往往希望自己的家永远是太平的，不要与丈夫吵架，因为她们害怕吵架，一吵架两个人的感情就会越来越脆弱，其实，未必如此。殊不知，吵架也是一种情感交流的方式。

　　女人很爱干净，每天她都会把家里打扫得一尘不染，而男人却是不拘小节，属于大大咧咧型的，所以有时候难免会把家里搞得乱七八糟。家里一乱，女人就收拾，并叮嘱男人要时刻保持家里的整洁卫生，不准男人在家里随便抽烟，不准男人把东西乱扔乱放，用过的东西要放回原处，刚擦过的地板不可随便乱踩。男人一旦触犯了规则，女人则会唠叨不停。

　　男人是大度的，女人一唠叨，他就一直倾听，争取做到女人订的那些规则。可是时间一久，男人难免会出错，他甚至觉得在自己的家里会很拘束，甚至有一种陌生感。为了避免两个人的争吵，男人便不愿待在家里。所以在下班后，男人总是喜欢约上几个朋友一块去酒吧喝酒，聊天，周末的日子男人总是宁愿去朋友家玩牌，也不愿意回家。

女人就越来越觉察到丈夫的异常行为，她不明白为什么自己费尽心思把家里打扮得这么漂亮，而男人却不知道欣赏，也不肯回家。连续几个星期男人都不怎么回家，于是女人实在忍不住了，便决定与男人理论一番。终于，丈夫晚上11点回来了，看到女人还没睡，而是坐在沙发上发呆，就开口道："你怎么了，这么晚了都不睡觉，等我吗？"

"等你？谁等你啊？你心里还有这个家吗？整天早出晚归的，连周末也不肯在家陪我呆上一会儿，整天在外面瞎逛什么？外面有什么女人让你这么迷恋，整天神经兮兮的有家不回？"女人大声地吼道，并且还委屈地掉下了眼泪。

"谁在外面有女人，你瞎说什么？整天没事乱想什么？赶快睡觉吧，坐在那里干吗？"男人觉得女人的疑心有点可笑，却没有生气。

"那你整天在外面干什么呢？也不管我！我把家里收拾得这么漂亮，你连看上一眼都不肯，到底是为什么？"女人追问道。

"知道吗？正是因为你把家里打扮得太漂亮了，我吓得不敢踩上一脚，生怕弄脏了地板，怕弄乱了什么东西，所以就只好去外面了啊。"男人看着女人委屈的泪水，笑着说道。

"那我以后撤掉那些条例了，以后地板你可以随便踩，脏了我再拖；家里的东西你可以随便翻，乱了我再整理，好不好？"女人这才明白是因为自己干净，让男人觉得不自在，所以才不愿意待在家里。经过这次争吵，女人不再埋怨男人了，男人也不再经常外出不回家了，甚至有时候也在家帮她拖地板。

假如刚结婚不久，丈夫的一大堆毛病就不约而同的显现了出来，而女人反而不敢给丈夫指出来，因为丈夫脾气大，她害怕一说出来，丈夫就会跟她吵，所以就干脆不说话。这样一来，心中的怨气越积越多，压抑的时间长，也未必就是一件好事。不但不能很好的解决问题，而且对自己的身体也没有好处。所以，该吵架时也要吵架。

两个人生活在一起，不可能一直都不会吵架，那样更显得不够正常，而吵架却是一件再正常不过的事情。有时候吵架，把对方的缺点也都指出来了，虽然当时两个人可能都会很不高兴，但过后气消了，不但不会再有什么怨言，而且可能还会使夫妻之间的关系更加和睦。

[吵架时，要给男人留个台阶下]

吵架的时候，双方情绪都比较激动，脾气会比往日暴躁些，特别是男人，最容易冲动。所以，女人在与男人吵架的时候，千万不要因为一时冲动不顾及男人的感受，就什么话都说出口，要知道，男人一般都比较爱面子，所以，一旦讲了一些伤感情的话，让男人受到伤害不说，关键是说出去的话就无法收回，有时候可能付出几倍的努力也是无法挽回的。

女人和男人又吵架了，起因是这样的，本来刚刚结婚的他们并不是多么的富裕，可是正巧遇到女人的表妹要上大学没有钱，就向他们借5000块钱，而他们家里没有太多的钱。女人说先借他们3000元，而男人则为了面子，非要拿出5000元，女人一听就火了，两个人就吵了起来。

随后，女人赌气冲进了卧室，锁上门，任男人在外面如何敲门，就是不理不睬。男人见女人不理自己，没有办法，就一个人生气地坐在了客厅的沙发上。

女人在卧室呆了一会儿，觉得其实也没什么，男人也是为了她好，但一次给那么多钱是不可能的，因为明知自己生活暂时也不富裕。想了一会，女人终于决定再跟男人商量一番，采取折中的方式，先借他们4000元。于是，女人从卧室出来了，见男人不理她，女人知道男人一定还在生闷气，其实女人知道男人是大度的，但为了面子，就不肯先说话。

于是，女人就先开了口："怎么，还在生气啊？"

男人一听，先是一愣，随后竟然哈哈大笑起来。女人见男人不再生气，就把自己的折中方案说给了男人听，虽然男人还是觉得不妥，但考虑到自己家的实际情况，觉得也可行。于是，就决定采纳。事后，没想到男人竟然还在他的朋友面前吹嘘女人的好，说女人经常在吵架时给他台阶下。女人知道后，只是笑。

　　吵架是一门大学问，不会吵架的女人能将家吵得四分五裂，而会吵架的女人则会越吵越相爱，在经历"冲突"之后，能在争吵中磨合理解，从而使感情得到升华，所以吵架也是需要用心地去学习的。

　　吵架当中，因为一时心血来潮，火气就旺盛，所以口不择言也是很正常的事情。可是，如果每次吵架都揭对方的伤疤，甚至还要在对方的伤疤上撒点盐，那么这样的女人就是自食其果。对付男人，女人若是咄咄逼人的话，最终吃亏的还是自己。女人要懂得，在吵架时随时给男人一个台阶下，不要碰触男人敏感的话语来刺伤他，否则的话，结果很难想象。如果把架吵好了，不但不会伤感情，而且还会让男人更加爱你。

　　世界上没有一对夫妻不吵架的，生活在大大小小的琐碎之事中，夫妻之间不吵架也是绝对不可能的。然而吵架归吵架，吵过架后，还是要重新振作起来，继续好好生活的。可是生活中，有些夫妻偏偏吵架要吵得地动山摇、两败俱伤，甚至最终挥手说"拜拜"，其实，完全没有必要。女人要懂得，吵架其实也是可以将感情得到升华的，它其实也是增进感情的一种方式。所以，吵架也是需要智慧的，聪明的女人要掌握吵架当中的平衡度，争取让吵架变成增进两人感情的一种催化剂，使感情经过洗礼之后更加坚实与稳固。

女人要获得幸福，就要靠智慧，而不只是靠漂亮的脸蛋和勤劳的双手。在这个人才济济的新时代里，漂亮和勤劳都不是女人留住男人的最佳选择，唯有智慧才会让男人为自己前赴后继。智慧的女人不会让自己每天受苦受累，智慧的女人更不会总是在男人面前无理取闹，但她会发挥女人的独有魅力，用柔性的方法来驾驭男人。智慧的女人要学会让自己变得懒惰，给男人留一点施展能力的机会，让男人觉得家里没有他是不行的；智慧的女人要让自己变得柔弱，用来显示男人的强大，这样男人就会心甘情愿地为家里做一些事情。

给男人展现能力的机会

[挖掘男人的劳动潜力]

有些女人经常会抱怨男人在家里懒惰，不爱劳动，其实男人不是不爱劳动，更不是真的懒惰，只是有时候男人的劳动潜力也是需要女人去用心去挖掘的。聪明的女人往往是那些爱装糊涂的懒女人，因为她的糊涂，才会让男人觉得自己更聪明。

玛丽是她的朋友们公认的家庭"一把手"，家里的什么事情她都能干，每天有做不完的家务活，丈夫对于家务活从来都是不管不问，只知道每天上班下班，回到家后像个大老爷似的在一旁指点江山。

刚结婚时，玛丽还很乐意在家里做家务，甚至觉得每天把家里打扫得干干净净、漂漂亮亮的是很幸福的一件事。可是，繁琐的家务活让玛丽好像老了好多，朋友见她，都说她变得沧桑了。

听朋友这么一说，玛丽才想起自结婚以来她的丈夫根本就没做过一点家务，每天下班回来后只知道坐在沙发上看报纸、看球赛。她每天把家收拾得干干净净的，可是丈夫回家后连仔细瞧上一眼都没有，只知道享受。想到丈夫如今变得越来越懒惰了，玛丽觉得自己很委屈，别人的丈夫都会帮助妻子分担一些，而她的丈夫却是每天稳如泰山，当"老爷子"。

一次，家里水管坏了，一直往外漏水，玛丽就把家里的修理工具拿来，一个个使用，最终还是没有修好，觉得自己实在不行，无奈之下，只好叫丈夫来修。

看到丈夫仍然躺在沙发上看球赛，玛丽就冲丈夫嚷道："你过来看这水管怎么回事啊，我怎么就修不好它？"

只见丈夫一听，马上跑了过去，拿着那些家伙，三下五除二，没过十分钟就搞定了，见丈夫得意的样子，玛丽赞扬道："哟，你这是不干则已，一干惊人啊。你怎么就这么有本事，这么快就弄好了，我费了好大劲都弄不好。还是你们男人强，小女子我甘拜下风了。"丈夫听后，更加得意了，还扬了扬头，嬉笑着说："那当然，这些事情你一个女人怎么会比得了我一个大男人。"

见丈夫如此欣赏自己的"杰作"，玛丽就发现了一个秘密：只要她表现出无能，丈夫就会积极地帮助自己，以表现他的能力，展示给她看。玛丽这才明白，原来丈夫并非是懒，只是自己太爱逞强了，什么事情都想做好，结果弄得丈夫回到家后无事可做。

明白了这点，此后，玛丽开始把烦琐复杂的家务活都丢给丈夫做，果然只要她说自己不能做的，丈夫就立马上阵，不知不觉中，玛丽就感觉自己的家务活少了很多，也轻松了很多。看来做了懒女人有时候也是挺不错的。

"强妻多弱夫"，的确如此，妻子能力过于突出，越爱在家里逞强，丈夫就会觉得自己不必多此一举，既然妻子都能干，自己为什么还要插手，所以时间一久，丈夫就会越变越懒，甚至还觉得家务活就应该是妻子做的，而自己工作后到家里休息也好像是理所当然的。

其实，道理很简单，女人喜欢逞强，自己把家务活全部包揽，男人就会认为家务活并不需要他来做，而女人也不需要他来帮忙。聪明的女人不是让自己怎么变得家务活样样精通，什么都要学会，而是要学会让自己变懒些，因为只有你的懒惰，才会让男人觉得家里也需要他帮忙，这样男人才会觉得自己在家里也会有用武之地，否则的话，男人会永远觉得家务活是属于女人的，不关自己的事。

聪明的女人要懂得挖掘男人的劳动潜能，使男人在家里能够心甘情愿地做一些家务活，从而为自己分担一些。所以，有时候做个懒女人也是有福气的。

[以柔克刚的智慧]

温柔的女人是可爱的，男人往往喜欢温柔的女人，即使女人长得不够漂亮，也不是很勤快，但只要温柔，男人就会喜欢。温柔是女人的秘密武器，它是最能打动男人的一种智慧。

面对一个温柔的女人，没有几个男人不举手投降的，即使是性格再强硬的男人，也会被女人那颗温柔的心融化掉，从而变得不再强硬。所以，聪明的女人可以不勤快，但必须要温柔，只有以温柔的智慧去引领男人，即使再懒惰一点的女人，男人也会心甘情愿地听从你的差遣。要知道，懒女人自有懒女人的福气。

自从儿子结婚以后，思想保守的李大妈压根就不喜欢她那个媳妇儿，每天好吃懒做不说，长得不怎么漂亮还特爱打扮自己，都结过婚的人了，却硬是把自己打扮成小姑娘。不过，李大妈即使再不喜欢，但儿子喜欢，自己不接受也得接受。

但是讨厌归讨厌，令李大妈百思不得其解的是，儿子脾气平时那么不好，她却从来没见儿子与媳妇大吵大闹过。看到自己的儿子被媳妇教导有方，李大妈很想瞧瞧媳妇用的是什么样的办法。

这天，李大妈没有出门与邻居闲谈。终于，听到说话声了。

只听儿媳妇娇滴滴地说："去把碗洗一洗吧，人家刚拖过地板，累死了，也不知道怜香惜玉。"

儿子不耐烦地答道："自己去洗，洗碗本来就是你的事情。"

儿媳妇一听儿子不去，又开始使出自己的杀手锏："知道吗？其实你洗的碗最干净了，咱妈还老是在我面前夸你能干呢。"

李大妈仔细一想："我什么时候在她面前夸自己儿子，还挺会编的。"不过听到自己的儿媳妇叫了自己一声妈，心里挺甜的。

"那当然，我妈经常夸我。"儿子答道，没想到儿子也变得会撒谎了，李大妈心里埋怨着，却甜得跟吃了蜜似的。

见儿子还不动，儿媳妇又说道："去洗又怎么了，要不然今天晚上不给你做麻辣鸡丁了。"

这菜儿子平时最爱吃了，李大妈听到媳妇一说到吃，儿子就出来了，乖乖到了厨房。

古人云："天下之至柔，驰骋天下之坚。"确实如此，一个人的武器再锋利，面对一个温柔得让人怜惜的眼神的时候，即使再锋利的武器也会变得粗钝。同样，一个男人的脾气再怎么暴躁，但是面对一个温柔可爱女人的撒娇，再暴躁的脾气也会变得温和起来。所谓的"以柔克刚"就是这个意思。

以柔克刚是妻子调教丈夫的灵丹妙药，男人通常都有一个共同的特点，就是吃软不吃硬。所以对付男人，女人无需整天在他面前唠叨不停，这样既会使自己费力不讨好，而且还容易让男人厌烦。其实，面对男人的强势，女人只需稍微动一下脑子，拿出你的女人味，对男人温柔地说上几句甜言蜜语或甘愿示弱，这样男人就会甘拜下风的。

其实，女人即使不够勤快，但只要懂得"智取"，而不是"强攻"，男人照样会喜欢的，并且对你关爱有加。懒女人的福气也是需要自己努力获得的，所以作为一个女人，无需过分逞强，只要对男人温柔，就能得到真正的幸福。

男人有时候在家里很懒惰，每天不做一点家务活不说，还总是指责女人做的饭不好吃，家里收拾得不够干净等。女人则会觉得很委屈，有的女人会默默地忍受着，从而越来越气；有的女人则会责骂丈夫懒惰，抱怨自己有多辛苦，丈夫一听就会与她翻脸。随后，一场家庭战争就会再所难免，女人要明白，自己的力量是有限的，到最终受伤的还会是自己。所以聪明的女人，不妨收起自己冷漠的面孔，学会变通，拿出女人的本性，采取一些迂回的手段，这样做不但不会引起战争，而且还会使丈夫心服口服地听命于自己。

在教堂里，牧师们会这样询问即将成为夫妻的一对新人：你愿意这女子作你的妻子，在神面前和她结为一体，爱她、安慰她、尊重她、保护他，像你爱自己一样。不论她生病或是健康、富有或贫穷，始终忠于她，直到离开世界？这时新人就要在上帝面前说出自己的誓言：我接受你作为我的妻子，守护你，从今天起到以后所有的日子。无论贫富、疾病或健康，我都会爱你，并珍惜你，直到死将我们分开，以此我向你保证我的承诺。

婚姻是一辈子的责任

[不离不弃才是守夫之道]

婚姻就像一支双人舞，舞蹈的和谐就在于舞蹈扮演者的协调，两个人的舞步相同，姿态也自然相同，夫妻同心，本是两人的舞蹈，感觉就像一个人在跳。

其实，婚姻与舞蹈的形式一样，双方配合不当，就会出现婚姻的障碍，只有夫妻之间相互的配合才是婚姻的最高境界，才能更多地感动自己与别人。

男人和女人吵架了，女人很伤心，想想刚结婚的时候，男人对自己千依百顺的，而现在却总是说自己无理取闹。女人越想越难过，这就是男人婚前和婚后的差别吗？

男人和女人的工作差不多，感情也是不温不火地，没什么大的矛盾。但却经常因为一些小事要争执好些天，而这天，女人终于受不了，一赌气搬进了朋友家，只留下丈夫一个人守着空荡荡的家。

第二天晚上，女人打开自己的手提电脑，收到一封先生的邮件。没有多余的言语，先生只是叙述出去散步时看到的一幕生活。先生说在一个交叉路口，看见一对残疾人夫妻，丈夫是一个瞎子，而妻子则是一个哑巴，他们的生活很艰难，靠捡垃圾度日。丈夫拿着一个很大的袋子，而妻子挽着丈夫的手，一步一步地走着，看见一个瓶子或纸皮就会往丈夫的袋子里装，在妻子的脸上看不出任何表情，只是当丈夫拿着沉重的袋子，汗水不停地往下流时，妻子就会用一条毛巾帮丈夫擦一擦。他们的表情中没有任何伤痛。

男人在邮件中继续写道："我看到他们在地上不停地捡着垃圾，两个人都在用力，我的眼泪却落了下来。亲爱的，他们连一件像样的衣服都没有，连吃一顿丰盛的饭菜都成问题，但他们却都很清楚地懂得守住夫妻之道，不离不弃地相互挽着手走着。我们每天过着无忧的生活，没有任何不便，身体健全，为什么反而做不到呢？"

男人在信件的最后一行里写道："亲爱的，不要留下我一个人在这个空荡荡的家里，好吗？"

此时，外面正在下着蒙蒙的细雨，女人来不及关上电脑，披上衣服，流着泪，不停地向着回家的路上跑，她想以最快的速度跑回家，想给先生一个拥抱。

夫妻之间的争吵，多数都因为一点小事而起，就因为这些所谓的琐事，让许多夫妻走向了各奔东西的道路。其实，两个人之间，没有什么是过不去的。

可能平淡的夫妻生活让人们实在品不出更多的感动，但事实上，正是因为那些相濡以沫的琐事才让我们偶尔回忆起那些誓言，那些感动，那些浪漫，那些拥抱，那些牵手……

一对夫妻，无论贫贱还是富贵，无论健康还是疾病，都要不离不弃，才是守夫之道。

[情感的触动]

幸福的婚姻应该建立在理解之上，婚姻是一种责任，每一个人都应该端正婚姻态度，严肃婚姻纪律，消灭婚姻杀手。善待婚姻吧，只有这样才能拥有幸福的生活。

男人有自己的私人企业，妻子也在政府机关工作，孩子在寄宿学校上学，在别人看来，这样幸福的生活似乎无懈可击，但越是这种平静的幸福，越容易有突然的变化。

平淡的再也不能平淡的婚姻生活，让男人厌倦了。男人在"第三者"的怂恿下向自己的妻子提出了离婚，妻子狠狠地将桌上的饭菜给摔了，大声地说："你不是人！"第二天，男人起草了离婚协议给妻子看，明确地写明了将房子、车子、还有公司30%的股权给她，可是妻子看都没看就将其撕碎了。此时男人的心里隐隐作痛，毕竟是一起生活了十年的夫妻，要在这一瞬间将十年感情都删掉，男人心里充满了深深的歉疚。

离婚的事情就这样被搁浅了，但是男人也开始玩失踪的游戏了，他整日整夜都不回家，手机也关机。再后来，妻子主动发短信说同意离婚，男人才回到了家中。妻子接过离婚协议，提出了自己的要求："我不要车子和房子，我的要求很简单，再等一个月的时间，等孩子暑假过完了再离婚，我不希望让孩子看到父母分开的场面。"

妻子顿了顿，说："你还记得我是怎么嫁过来的吗？是你把我抱进来的，离了婚，你要再把我抱出去。在这一个月里，每天上下班，你都要把我抱出去，从卧室到大门。"

男人打心眼里感到亏欠妻子，对于这样的小要求，他很快就答应了。第一天，两人的动作都很呆板。因为两人之间已经很久没有这么亲密接触过了，可儿子却从身后拍着小手说："爸爸抱妈妈了，爸爸抱妈妈了。"这些话让男人有些心酸。妻子在丈夫的怀里低声地说："我们就从今天开始吧，别让孩子知道。"男人点了点头，将妻放在大门外，她去等公交，他则去开车。

第二天早上，男人抱妻子的动作轻松了许多，妻子轻巧地靠在他的身上。这时男人才发现妻子光润的皮肤上有了丝丝皱纹，这十年来他竟没有好好看看这个熟悉到骨子里的女人。第三天，妻子附在男人的耳边说，院子里的花池拆了，要小心些，别跌倒了。第四天，男人很用心地抱妻子，两人就像刚结婚一样，所有关于离婚的事情在这一瞬间都变得若有若无。之后的几天里，妻子每次都会在男人耳边说一些生活中的小细节，衣服熨好了挂在哪里，做饭时要小心不要让油溅着，男人点着头，心里的感触也越来越强烈。

最后一天，儿子上学去了。男人再次抱起妻子时，竟然怔在那儿。"其实，我们都没有意识到，生活中就是缺少了这种抱你出门的亲密。"男人的心彻底被融化了。

他不想离婚了。男人这时才清醒过来，他们之间不是没有感情，而是生活的平淡教会了他们熟视无睹。当男人第一次将女人抱回家的时候，就应该将她抱到老。

下班回家的路上，男人走进一家鲜花店，给妻子订了一束她最喜欢的情人草，礼品店的小姐拿来卡片让他写祝福语，他微笑着在上面写上：我要每天抱你出家门，一直到老！

美满幸福的婚姻是靠夫妻两人共同创造的，在婚姻生活中，夫妻双方应该善于发现并尊重对方的品质、能力或情趣，及时给予鼓励的话语，营造和谐美满的婚姻生活。

幸福的婚姻是人人向往的。温暖的家庭，美满的婚姻，是一个人事业征途上的修整地和加油站，它能给人创业的激情和信心，也能给人追求梦想的勇气和力量。遭遇挫折的时候，爱人的鼓励和安慰，会让人信心不减，勇气不退。事业有成时，爱人的赞赏和称赞，会让人干劲倍增，再接再厉。反之，如果有家却不温暖，有婚姻却不和谐美满，势必心情不佳，精神不振，哪里来的激情？所以从现在起，善待婚姻吧，在婚姻的旅程里相互了解，相互信任，相互依存，真正做到永不言弃！

有赚钱的能力，
更有理财的头脑

———●———

⑦

　　谁说理财与幸福无关？做幸福女人，首先要从独立的财务开始，也就是有赚钱能力，能脱离男人独立生活，这样，女人的生命才有活力。女人的后半生，靠男人不如靠保单，真正独立、幸福的女性，一定要有自己的支票本！

古人云：君子爱财，取之有道。有人提倡说："女子也要爱财，取之有道！"的确，自古以来，人们都渴望自己有财，在现代社会中，财尤其重要。财是好东西，因为它可以改变我们的生活，财是没有错的。

女人爱财也要取之有道，而且应该做到爱财而不是贪财。只有这样的女人，才可以找到真正属于自己的幸福！

爱财当投之有道

[做个会投资的女人]

在现代社会中，你有娇好的面容，你有不错的学历还远远不够，想做一个独立自主的现代女人，你还需要是一个"财女"，即一个财商高的女人。女子爱财没有错，但是不能为财而不择手段。作为女子，首先要学会自立、自强、自尊、自爱，在此基础上不为钱财折腰，不为钱财低眉顺首，只用自己的智慧，自己的劳动，这样才能称为一个财商高的女性。

爱财的女人，就是要有一定的经济基础。有了一定的经济基础，才会有自强自立的能力和理由，当你因为离开了别人而无法生存时，你的自尊必然会因此而受影响。因此，女人要有自己可支配的钱财，做到不依靠别人也一样可以活得很好。另外，作为女人要懂得理财，这样才不会让自己的将来有后顾之忧。

小雅毕业已经5年了，她全部的积蓄只有10万元。一个偶然的机会，朋友向她介绍了一套房子，价格仅是原价的一半。房子不大，只有85平方米，需要22万，面对这一诱惑，小雅狠了狠心，把自己的全部积蓄拿出来，又向家人借了12

万元，把房子买了下来。

婚后，小雅总觉得85平方米的房子有些小，就想换套大房子。结婚三年后，家里已经有一些存款了，当时，老公想买一部车，但小雅却不同意，因为她一直想要换套大房子。好不容易，她把老公说服了，用全部的存款换了大房子，可还差40万，于是老公建议把小房子卖掉。但小雅却认为每月还房贷比较划算，后来，他们在两年后把房贷还完了。而这两年来，房子的价格也一直上涨，这样一来，小雅从中赚了不少钱。

几年后，小雅又看中了一套房子，价格只要60万元，她亲自去看过房子，觉得非常值。于是她把想买下这套房的想法告诉了老公，当时，老公说什么也不同意，但经过小雅一番软磨硬泡，老公还是答应了。买房子时，小雅依然没有卖小房子的想法，为此，老公有点不高兴，而小雅则坚定地对老公说："现在我们的储蓄正好可以买套房子，如果把之前的房子卖出去，就算我们可以拿到现钱，给你买了车，钱也会少一半，另外一半虽放在银行里，但利息并不高，有什么用呢？"我们现在又不缺钱花，房子不是不可以卖，只是现在找不到好的投资。

2年后，随着房价的上涨，小雅从之前的小房子与之后买的房子中净赚了近百万元。这使得老公对小雅的理财观念不得不佩服。

可见，一个懂得理财的女人，不仅可以轻松地赚钱，还可以给自己带来一个安全美好的未来。女人，一直以来都被世人认为头发长见识短，当你懂得理财后，将会甩掉只会花钱没有头脑的代名词，成为一个新时代"财女"。

[做个幸福的爱财女人]

人们都说金钱是万能的，它真的是万能的吗？不，它买不来真情、买不到尊严、买不到过去，买不到能力……总之，有很多东西都是金钱不能换来的。当你拥有的物质越来越多时，你失去的精神食粮就会随之增多，因为上帝在给你打开一扇窗的同时，也会给你关闭一扇门。这是千百年来不变的定律。

这一年，小静带着对自由无限的向往去了海口。当时陪她一同去的还有她的男友阿明。小静读大学，而阿明是来陪读的。

小静和阿明的爱情是浪漫的，他们相识于网络，老家离得很近。但再浪漫的爱情故事，也抵不过现实生活中没有面包的摧毁。开学一个月后，小静和阿明身上已经只有几十元钱了，而阿明又习惯了游手好闲，每份工作不到一个星期他就不去做了。刚刚进入大学的小静已经透支了自己的想象，以前觉得大学就是天堂，可进来才发现也就这么回事，空余时间多得让人发慌。

阿明只知道每天睡到自然醒，整个下午也都交给了游戏厅。这种生活坚持了一年后，他才开始计划做点生意，他有这样的想法，小静很是高兴，但做生意就需要投资，没多想，小静就把从家里带来的五千块钱都给了阿明，自己的学费自然是拖欠着。阿明开租了一家小饭馆，可懒散惯了的他没坚持两个月就决定将其转让出去，小静虽然对他失望至极，但依然还是爱着他。

转眼就要期末考试了，学校却意外地通知没有交学费的学生不得参加考试，为此，小静和阿明大吵了一架，阿明回老家了。无助的小静实在不敢再向家里要钱了，经同学介绍，她认识了一位大款，出手大方，不仅为她付清了所有的学费，还为她买了很多漂亮的衣服，高档化妆品……此后，小静再也没有为钱而发愁过，但同时，她也失去了之前的快乐！她一个人的时候仍然想着阿明，想联系他，但已经没有勇气了！

现实生活中，金钱是重要的，有爱的生活更是弥足珍贵。追求安逸的生活没有错，因为每个人都渴望过上优越的生活，但更应该做到女子爱财，取之有道。只有付出了智慧，付出了努力，用自己的双手换来的财，才是值得赞扬的。否则就是出卖了自己，更是出卖了自己的灵魂，这样得来的钱，即使不用为钱再发愁，也终究不会得到真正的快乐。女人，只有正确爱财，才会真正的幸福，没有正确的爱财之道，则毫无幸福可言。

物欲横流的世界里，金钱渐渐走上主宰位置，作为半边天的女性们，也投身到了这场没有硝烟的金钱争夺战中。很多女性，为了换取更优厚的物质享受，慢慢地将自己迷失在了珠光宝气、锦衣玉食的生活当中。却发现，在她们得到了这一切后，根本没有幸福可言，有的只是悔恨！所以，女性们一定要珍惜自己拥有的宝贵财富，在物欲横流的社会中，让自己保持清醒的头脑，做到女子爱财取之有道！

时下，什么样的人才是时尚的人？以前人们以"大奔"、"豪宅"，挥金如土人士为时尚人群，而现在所谓的时尚则是：理智消费，量力而行，爱护自然，懂得节能……能够享受节制的乐趣才是新时尚的口号。

节约是人类传统的美德，也是人类永恒的话题。如何才能在节俭上发扬传统的美德，是如今新时代女性的追求目标。在当今时代，拥有"省钱不抠门，节俭又时尚"的观念和意识才能称为一个幸福的女人。

少花钱，会花钱

[拥有理智的消费观]

在物质贫乏的时代，家家都省吃俭用，户户都节衣缩食，凡事都委屈自己。而今那种节约已不复存在，伴随着经济社会的发展，人们的生活条件越来越好。但资源短缺、能源吃紧的警报却在我们的耳边拉响，告诉我们在衣食无忧的今天，仍然需要有节约的意识。节约并不是要大家过苦行僧似的生活，而是要理性地享受生活——"省钱不抠门，节俭又时尚"，这样不仅不会把你拉回旧社会，反而是提升生活品质的新路径。这与享受生活并不矛盾，该花钱的时候一分都不能少，不该花的时候一分也不多。女人，作为新时代的财务管家，只有这样理财，才能从中感受到幸福的真谛！

华玲是80后出生，有一份不借的工作，在一个大型超市工作了两年后升任为店长，月薪3000元左右。华玲的老公是单位的职员，收入3500余元。

华玲和老公结婚时，由于双方的家庭条件都不错，置房装修都是父母承担，因而两人的工资只要自己留着生活即可。他们的工资通常都花在酒店、旅游、购物、保养、娱乐等方面，结婚两年来没有任何积蓄和投资，就这样稀里糊涂地过了两年。

一年后，他们的宝宝出世了，他们明显感觉到了生活的压力，尽管孩子是奶奶帮忙带的，但孩子的奶粉、衣服等生活用品的费用还需要自己支付。没多久，宝宝患上肠梗阻开刀并发炎症需要住院，又花费了10000多元，华玲除了担心宝宝外，还担心家里的经济情况，整天心神不定、脾气暴躁。一天，在处理顾客投诉时，华玲与顾客发生争执，被超市辞掉。此后，家里的经济陷入困难，尽管华玲又找到一份工作，但待遇并不高，生活过得非常紧张。

现在的华玲总是后悔当初没有多存些钱，现在想存点积蓄，但却因为宝宝的来临很难挤出多余的钱，生活过得再也不像以前那样自在了。

生活越来越好，日子越过越顺心，勤俭节约的美德却被许多人遗忘了，最后落得后悔当初没有多存些钱的下场。所以，女人在理财方面一定要有明确的目标，对金钱的态度应有比较平和的态度，应该花的一分都不少，不该花的一分都不能多。

当生活中一些灾难和突发事情发生时，女人能否合理地支配手中的钱财显得尤其重要。眼下的收入比别人多，并不意味着以后你就会比别人富裕，比别人过得好，比别人幸福。决定你能否幸福的关键因素是你是否有理智的消费观。拥有理智的消费观，会让你在不知不觉中成为有钱的女人，成为幸福的女人。

[做个新时代"理财"女人]

现在的女性已摆脱家庭束缚，走上职场当家做主，知识与财富倍增，而且拥有绝对独立自主的权利，在理财的观念上，也脱离了传统的旧思想。过去，人们把节约与"小气"、"贫穷"连在一起，而在新时代的今天，"省钱不抠门，节俭又时尚"才是女性理财的生活方式，她们把节约视为今天时尚生活重要的一部分，因为幸福的女人懂得这样一个道理：你不理财，财就不会理你。

杨丽的最大爱好就是上街买衣服，在朋友圈里无人不晓她的买衣服经。她常常嘴边挂着"月光万岁"，手上的钱包永远不会是饱满的，每个周末，她都把时间交给购物，新货一上架，她就出手。

杨丽身边的"省钱不抠门，节俭又时尚"的朋友越来越多，于是她也决定改变自己，打算进入这一行列，该买的东西一样不少，但需要节约的一定节约。

最近，她买了一套西装，原价600多元，买时打五折，才300多元。然后她又买了一件休闲裙和时装连衣裙，加起来才200多元，和原价比足足省了一半。而且自己买的衣服质感又好，款式也不易过时，明年夏天就不必再添置衣服了。向朋友们讲起她的"战绩"时，杨丽很是得意。不仅如此，明年的春装也让她在多逛了两个小时后准备好了，一件西装，特价100元，一双长靴，特价110元，另外还在服装店选了两件单衣外套，还不到100元，既便宜，又实惠。

另外，杨丽还告诉朋友们，购买地点不同，其服饰的价格也大有差别，尤其是那些杂牌的衣服更是如此，其价格可差200元左右。带着这些秘诀，杨丽每次购买新衣前，就会问问自己想要什么类型的，适合哪种风格的，与什么衣服搭配什么样式的，这不仅使她减少了很多冲动性的购物，而且还提高了衣服的使用率。

杨丽这种反季买衣的方法非常实用，不仅价格便宜而且还不过时，这种方法使她比往年在买衣服上节省了不少钱，她正计划着用这笔钱去做点别的事情。美丽的女人投资的是外貌，聪明的女人投资的是生活。

生活中的女性，往往会有许多中长期的目标，却时常忽略了设立短期的目标。结果使那些中长期目标成为幻想，所以对于新时代的女性来说，只有短期目标实现了，从此刻开始加入"省钱不抠门，节俭又时尚"的行列，才能成为真正的理财高手，让自己的幸福拥有永远的保障。

少花钱，会花钱，益健康，何乐而不为？事实上，新节约主义不与吝啬、艰难、降低生活水准这些概念为伍，当然，它的对立面也不是享受和品质，而是浪费和挥霍。要想做到"省钱不抠门，节俭又时尚"，其实并不难，这样不仅有利于自己、有利于他人，还有利于国家和环境。作为新时代的女性，你是否拥有这种时尚的生活态度？如果没有，就从此刻开始吧，做到"省钱不抠门，节俭又时尚"，才能使你的生活走向真正的幸福。

作为女人，不一定要才高八斗，智商过人，但一定要会过日子，即能最有效地利用自己身边的有限资源，巧妙安排以化腐朽为神奇，使之成为看得见摸得着的财富。现在，你是否已经确定自己的财富目标？女人，如果对自己的财富没有明确的目标，就是人生中的失败；只有对财富有一个明确合理的目标，才能使自己生活得轻松快乐。

理财的目标，不是生活中的"任务"表，而是一种生活过程的规划，一种幸福人生的规划！要想做个幸福的女人，首先要做个精明的女人——花得很少，吃得很好！

合理理财

[做个精明的女人]

俗话说："不当家不知柴米贵。"做个当家人，尤其是要做个精明的当家人可不是一件容易的事！精明的当家人就是家里的好会计和好的理财专家。好的理财专家总是使手中的存折数字增加，总是减少开支，而且生活还过得非常"富裕"。

人人都知道天下没有免费的午餐，但在我们生活的周围，却有很多优惠午餐。安晓是一个白领女性，午餐自然是在公司吃。但由于公司食堂的饭菜常年不换花样，精明的她就发现，很多酒店都会提供优惠的午餐，或者在原价的基础上打折，或者推出价廉物美的套餐。这不仅解决了她不用在公司吃食堂饭，还可以为自己省下不少钱而吃到美味的午餐。每次午餐，她都会选一个靠窗户的位子，沐浴着午间的阳光，一边欣赏街景，一边吃不同的美味。这样既经济又合算，还不失其中的趣味。

众所周知，一些环境幽雅的高档场所，其价格使许多工薪族都不敢贸然前往。安晓却时常进进出出，并不是因为她有足够的"财"，而是她习惯在那里花上几十元喝上一杯下午茶，这样既不用花费很多钱在那里吃并不实惠的饭菜，还可以在那里随意地徜徉，享受高档酒店的服务。

另外，每次单位有商务活动时，安晓都会建议安排在中午举行，她的建议为单位减少了不少开支。而且由于她有经常去高档酒店喝茶的习惯，还使她的品位提高了不少，这样既省钱又提高了品位，当然是两全其美。

所以，在日常生活中，不妨把看完的报纸美食版上的优惠券剪下放在包里，最好将其分门别类，这样就可以为每一次美食大餐带来不少的方便，既经济又实惠。

独立是现代女性的重要标志，女性不仅要在人格上独立，还要在经济上获得真正意义的独立。一个聪明的女人，懂得如何支配自己的钱财，她能运用智慧的头脑辨明真伪，捕捉到哪些是应该花的，哪些是不应该花的，由此使自己的财富越积越高，与此同时，她可以使自己的生活质量得到进一步的提高，真正拥有"花得很少，吃得很好"的理财智慧。

[用智慧轻松理财]

一个聪明的女人不会把所有的鸡蛋都放在同一个篮子里，也不会把所有篮子挑在同一个肩膀上。理财是聪明女人细水长流的生活内容之一，就像是旅行，我们在乎的是沿途的风景。理财的目的则是为了生活得更好，保持快乐的心情和健康的身体。因此，享受理财，快乐地理财，才是一个聪明女人真正的幸福。

李婷婚后第二年，终于买到了新房，但装修房子对他们来说又是一笔不小的开销。刚刚建立了家庭，又买了房子，自然没有多余的钱用来装修。但聪明的李婷想到了"团结就是力量"，因为整个小区中都是新房子，别人家也一定会装修的，如果组织大家团购，费用自然可以节省不少。

当李婷进入小区的业主网后，便将团购的想法发帖出去，没想到才两天的时间，很多业主们就回帖表示愿意加入。果然是人多力量大，十几户人家一起购买一种产品，成为商家眼中的"大客户"，大客户自然在价格上会便宜一些，而且服务态度也非常好。

李婷在团购的过程中，尽情地在品牌专卖店里挑选，看中自己喜欢的款式后，就记好型号和价格，然后其他的团购代表来砍价就可以了。就拿瓷砖来说，差不多的市场价为500元左右，团购价只要300多元就可以了。不说其他的，只这一项就省下了不少资金。

当李婷家的新房装修结束后，仔细算了算，居然装修材料有60%左右都是团购的，省下的费用可达万元以上。这使得李婷不但省下了一部分装修钱，还可以用同样的办法买一些档次高的家具。

故事中，李婷对"团结力量大"的话深信不疑，但她感触更大的则是理财的方法，同样是装修，只要用理财的智慧想想办法，就可以省下一些不必要的资金。可见，对于家庭基本生活而言，只要运用自己的智慧就可以有效进行理财。

现实生活中，我们总是忽略一些小的开支，总认为那些都花不了多少钱。其实，当你仔细拿起笔算账时，才发现是一笔不小的开支。精明的当家女人并不是吝啬鬼，而是一个智慧的体现，她的精明之处体现在掌握和打理财产的能力上，从而最终实现——"花得很少，吃得很好"的理财智慧！

一个女人要实现自身的价值，光有能力远远不够，还得相信自己可以通过这种能力而获得金钱，并对其进行合理的分配。现实生活中，女人进行家庭理财并非想象的那么容易。如何将有限的时间和金钱进行合理的分配，并得到较高的回报，是每一个家庭在理财中都渴望达到的目标。女人，当你达到"花得很少，吃得很好"的理财智慧时，你就拥有了走向财富殿堂的能力，也就拥有了幸福人生的保障！

居家过日子，其中有太多的烦琐与细微之处，女人身为理财管家，如何才能把钱用在刀刃上，为理财打下坚实的物质基础呢？其实，并没有你想象中的那么复杂，只要把握好该出手时就出手，就可以做到不浪费。居家生活，省下的就是赚下的，这话一点没错，生活中细节之处非常之多，能省则省，相信你会在节俭中体会到做幸福女人的快乐！

节俭也是一种理财

[会省，才会有"赚"]

一个成功的女人，首先就是要打理好自己的家，做一个真正会理家的女人，在生活中要知道什么钱是应该花的，什么钱是不应该花的。在一个家庭中，女人理家就要对整个家庭负责任。你的艰苦朴素，可以为这个家庭积累更多的财富，拥有了这些财富，你也就拥有了生活的保障，否则，你永远不可能成为一个理财的能手，更谈不上做一个幸福的理财居家女人。

她和丈夫只是普通的公司职员，两个人加起来月薪不过5000余元，虽然已经住进了新房中，但由于两家父母条件都一般，只凑了首付款，房子还需要按揭15年，月供1500元。这样算下来，每个月剩下的收入就只有3500元了，可即使如此，他们的日子过得还是轻轻松松。

她是一个非常会过日子的女人。生活中，她处处以节约开支为基础，卫生间中总是准备着两个大桶，用以储存洗菜、洗脸水，冲马桶，平时洗完衣服的水也不浪费，都用来涮拖把和打扫卫生间。平时用电，她总是要求丈夫进一间房开一盏灯，离开后及时关，当然，她也是这样做的。家用电器也很少用，只有在最需要的时候才会打开。

此外，她还很少用手机，当然并不是不和朋友们联系，而是用QQ和MSN聊天工具代替，在饮食上，她也非常有规律，每月一次改善，使他们可以从平淡的生活中享受另一番乐趣。

尽管如此节省，她也不忘犒劳自己，每次都自制蔬果蛋清蜂蜜面膜用来护肤，这样不仅节省了开支，还可以把节省的开支用以投资。这样过日子，当然轻松快乐！

现代社会中，有很多女人都将钱财送给了服装店、美容院等各种娱乐场所，殊不知，这样的结果就是使自己没有存款，没有存款就意味着没有后盾，生活世事难料，天有不测风云，当你需要用钱的时候，才后悔自己没有存款。所以，从现在开始，从居家生活开始节省吧！要知道，省下的就是赚到的。当然，这里并不是提倡你不爱护自己的皮肤，限制你的活动，只是在同样达到目的的同时，从节俭出发，更好地理财。

［ 做个会省钱的女人 ］

钱，不是赚回来再把它一次性花光才叫快乐，而是懂得开源节流，适时地投资，让其源源不断、细水长流，才会感到真正的踏实和幸福。如果你是一个当家的女人，那么就要从家的角度来考虑，怎样才能使手中的存折数字增加呢？现实生活中，增加收入和减少开支，最容易做到的就是减少开支。因为依靠加薪和做兼职并不是我们个人可以决定的，即使有也会使自己失去很多休息时间，从而降低生活质量，这样很明显有些得不偿失，所以，为了使存折数字增加，就从我们容易做到的——"减少开支"开始吧！

小李和小周是一对很要好的朋友，两人在同一家单位上班，工资待遇也一样，而且他们妻子的工资待遇也差不多，也都有一个刚刚入学的孩子。不久前，他们各自在同一小区内买了同等面积的房子，所花费的钱都一样，都是先付了20%的房款，剩余部分则是每月还贷1800元还贷，还20年即可还清。

小李家没多久便添置了一辆小轿车，以方便自己上下班。小周一家则坚持坐公司班车上下班。还不到一年，小李就开始发牢骚了，总觉得生活过得非常紧张，而小周虽然算不上富裕，却也过得相当美满。

原因正是因为小李家的日常开支比小周家的多，而且多出了一大部分。按照常理，他们两家的收入差不多，支出上小李只多了一辆小轿车的费用。但经过小李妻子一个月的明细算账后才发现，日常的交通费、电话费，再加上经常外出和朋友吃饭就是一笔不小的支出，如果这些方面可以节省一些，完全可以改变现在的窘迫现象。

相反，小周的妻子则是一个非常精明的当家人，虽然在食品费用和水、电、煤气费中多消费了几百元，但平日的交通费却节省下不少，而且平时不必要的花销她也总是能省则省，当然在饭店吃饭的次数非常少。每个月她都可以把节省下来的钱存起来，还用一部分投资了基金。

居家生活，女人就要像小周的妻子一样懂得生活，只有家庭中存折上的数字增加了，当家里急用时或用于其他投资时，才不会出现没钱窘迫现象，也使将来的生活有了一定的保障。

现实生活中，居家过日子，其实有很多开支都是可以节省下来的，不要认为那些都花不了多少钱，当你将这些费用都加起来时，就会发现是一笔不小的支出，如果能将其省下则会使自己的生活过得更踏实、更美好！

精明的女人，懂得什么是该花的，什么是不该花的，她不是吝啬鬼，而是她懂得如何掌握和打理自己的收入，从而使家里的收入分配得更加合理。

日常生活中，要做一个幸福的女人其实很容易，只要把生活中的开支记下来，月末或者年末时，你一定会总结出哪些钱是不应该花的，从而减少不必要的支出，进而更好地进行理财分配！

人生似长实短，从现在开始珍惜人生吧！人们都说20~30岁期间，与其单恋某人，不如与理财相恋！当然，这样说自然有它的道理，因为出发点决定着未来理财的胜与败。但女性在这个时期，大都把钱花在了服装、美容与娱乐上，很少想到晚年的生活，直到晚年才后悔当初没有正确理财。因此，为了不给晚年后悔的机会，就从现在开始驰骋在"钱"途上吧，只有这样，才会让自己以后生活得更充实、更幸福！

善于发现投资的机遇

[如何驰骋在"钱"途上]

钱，不是攒出来的，而是理出来的。当你把钱理到一定"规模"时，不需要太多的努力照样可以赚到钱。因为当你懂得如何理钱时，它就会拥有自我复制的能力，赚回的金额越来越大，得到的优惠与机会也就会越来越多。

曾经有一个富翁，有着三个贴身仆人。因为要出远门，富翁就把他们叫了过来，分别给了他们10两银子，没过问他们怎么花。

富翁离开以后，三个仆人便各自盘算着这10两银子怎么花。其中最小的一个仆人把10两银子全部做了生意，几个月的时间，他赚到了300两，除去10两的成本，他净赚了290两；年龄居中的那个仆人，则将其中5两银子存了起来，而将另外的5两拿来做生意，后来赚到了30两，除去10两的成本，他净赚了20两，而存起来的5两银子则留着备用；最为年长的那个仆人，他选择把10两银子藏起来。所以，他没有像另外两个仆人一样赚到钱，生活过得非常贫穷，但每一次他都安慰自己，还有10两银子存着呢，但没多久，他的10两银子就被偷走了，他的精神支柱从此就垮了，最后沦落为流浪汉。

没多久，富翁回来了，但他并没有问起三个仆人的事。一段时间后，富翁召见了最小的仆人，仆人把自己赚到的290两银子带到了主人面前，并说："这290两银子是用你给我的10两银子赚来的，我应该把它们交给你。"富翁摆摆手道："你是一个充满自信和富有理财思维的人，你的前途是光明的。这290两银子你自己拿着，我再给你1000两，以便你更快地成功。"这个仆人用1290两银子购买了一个农场，还雇用了一些人为他经营，很快，他就成了财主！

几天后，富翁又召见了年龄居中的仆人。同样，他也把所赚的钱交给主人。富翁道："你也是一个能干的人，但没有足够的冒险精神，你有一定的能力，但成不了大业，我认为你做管家比较好。20两银子归你，我再给你100两，你自己分配！"后来他成了第一个仆人的管家。

很长时间过去了，第三个仆人始终没有被富翁召见，因为不知他流浪到何处了。后来，他听说前两个仆人得到奖赏后，便去找富翁。富翁只对他说道："现在，我想你只能去做仆人！"

可见，一个人如果没有能力，非但不会有奖励，还会沦落为做仆人的地步；而有能力的人，不但得到了奖赏，还可以将其用以创造更多的财富！人之所以穷，就是因为他们不知道让已经积累的财富"滚"起来，以便得到更多的财富；而对于富有的人，正是因为懂得这个道理，才拥有了更大的财富。所以，要想与财富同在，要想让自己驰骋在"钱"途上，就要懂得用钱生钱。

[找回自己，体会幸福]

一个会理财的女人，可以运用智慧的头脑辨明真伪，捕捉到商机。能做到这一点，那么她的财富也就会越来越多。女性拥有了事业，就拥有了资本，它是女性与社会联系并保持自信、自尊的一个重要纽带。女人要驰骋在"钱"途上，与经验有关系，与知识有关系，唯独和年龄无关。

岁月已经在张姐的面庞上留下痕迹，但生活中的她非常富有活力。张姐40多岁了，之前她一直是全职太太，但儿子上大学之后，她一下子变清闲了，她总觉得少点什么。在一次朋友的聚会上，老朋友准备转让一家饭店，于是她就动了心思，自己想把饭店盘下来。当她和朋友说想盘店时，朋友惊讶地说她是在家闲出毛病来了。而老公和儿子坚决不同意，因为她没有经验，再说工作太辛苦，都不想让她遭这份罪，但固执的张姐还是将店开了起来。

也许是为了证明自己的能力，张姐从网络上、生活中学习了很多经营饭店的知识，很快，她就把饭店打理得井井有条。长时间的工作让张姐在身体上有些不适应，家人也总劝她放弃工作，回家休息，但张姐仍然坚持着，她总是说："我想要重新找回自己。"

当有人问起她是否会很快放弃自己的事业时，张姐说道："放弃也许会，但不是现在，因为我刚刚找回了自己，它不仅证明了我的能力，带给了我一种不同的阅历，更让我感觉到了在创业中的幸福！"

对于一个40岁的女人，人们常说这个年龄段是最容易迷失的阶段，本应该属于家庭，围绕着老公与子女们转，这些才是她本应该拥有的"事业"。但对幸福而言，它与年龄是无关的。

女人，如果你曾为了家庭而放弃了自己的事业，那么现在不妨拿起你的事业，从现在开始驰骋在"钱"途上吧，这样不仅可以让你重新找回自己，更能让你体会到什么才是真正的幸福。

"生活中并不缺少美，缺少的只是发现美的眼睛。"理财投资就是如此，生活中永远不缺少投资的机会，缺少的只是发现投资机遇的慧眼。女人，要幸福，要让自己生活的有保障，光学会攒钱还不够，还要学会投资，拥有一双发现投资机遇的慧眼，让钱生钱，这才是理财的关键所在。

"拥有了发现投资机遇的慧眼"，不但可以为自己未来的事业发展提供充足的保障，还可以让自己体会到幸福的真正含义！

钱不能决定一切，但是，没有钱就决定了一切。尤其是古时的女人们，如果一个女人没有钱，就像是男人身上的一根藤，一旦失去男人这棵庇护的大树，就失去了支柱，甚至走投无路。但今非昔比，女人再不用躲在房中做大家闺秀了，可以和男人一样在社会上立足，也可以东奔西跑赚钱来为生活提供保障！

进取心和创意让财富增长

[让自己成为"理财"掌柜]

一个女人要在社会上立足，除了拥有足够的知识外，还需要有理财的智慧。一个拥有理财智慧的女人，除了经济上的独立外，还应有独立的思想，还应不断丰富自己的生活与人生，这样才会让自己生活在幸福的氛围中。一个懂得理财的女人，会用自己的方式来定义财富，而不是根据自己的财富状况来定义自己的价值。她会运用自己的方式，用自己的心情来定义财富，让自己生活得更加快乐。

高娜是一个刚刚20岁出头的女生。刚从学校毕业，她就在妈妈的服装店里当起了小老板，经营、进货都是她一手打理，也许是从小受妈妈的熏陶，刚刚接触服装店的她竟将店打理得头头是道。在妈妈的店里磨炼了一年后，她决定到省城发展。

几个月后，她在省城的店开张了，尽管之前已经在妈妈的店里有了一年的经验，但当时的货源是比较单一的，主要是中老年妇女服饰。现在高娜自己经营的则是时尚的青年女性服装，再加上省城到处都是同类型的服装店，自己对货种的选择都没太多的经验，这些让她没少花心思。

高娜知道要做出自己的特点和个性，就需要在服装的款式、价位以及市场的需求潜力等方面进行准确的评估。工夫不负有心人，没多久，她的个性服装店就受到了广大顾客的青睐，仅仅两年，她的店便成了省城个性的前沿代表。之后，她就开始转变自己进货的种类，由青春系列的转型为正规白领服饰，在她的经营下，店面不但越来越红火，还越办越大。

现在的高娜，虽然年纪轻轻，却成了人们眼中的老江湖，仅仅三年的时间，她就成了一位游刃有余的小老板。

享受成功喜悦的同时，高娜还准备给自己再充充电，以便使自己的店面得以进一步的发展。高娜有着对梦想的追逐，在梦想一步步成功的同时，幸福地走在财富的道路上，享受着自己做老板的成功与喜悦！

每个人都想拥有属于自己的财富，但在这个经济发达的社会里，一切都是现实的。要想赚取属于自己的财富，除了先天的基础外，还需要后天的不断努力，财富的机会才会垂青于你。女人，有着先天心思细腻的天赋，对投资的机遇也有着独特的看法，不妨开间小店，让自己的理财智慧得以延伸，体会一下做掌柜的滋味，让自己尽情畅游在幸福的理财殿堂中！

[会理财，就能做掌柜]

相信大家都听过"你不理财，财不理你"这样一句话，众所周知，理财对于我们来说是非常重要的。很多人之所以会成为富翁，就是因为他们懂得对自己的财富精打细算，正确合理地投资，从而不断给自己带来收益和财富。懂得理财的人，是用钱来赚钱，不懂的人不但赚不来钱，还会使自己变得越来越穷。所以，你只有先理财，财才会理你！

提到希尔顿，相信大家对他都不陌生，是的，他简直就是当时的天才！

70多年前，希尔顿用700万美元买下了华尔道夫—阿斯托里亚大酒店的控股权，之后，他很快就开始接手管理这家酒店。当时，几乎所有的管理人员都认为利用了一切可以利用的手段，唯有他一言不发地查找着被疏忽闲置的地方。当他走到大厅中央巨大的通天圆柱旁时，开始推敲起它们存在的意义来，四根空心圆柱既没有支撑天花板的价值，又没有任何美观可言，它的存在无异于是一种浪费，他也不能容忍这种无价值的浪费。

后来，他要求把这四根巨大的圆柱全部改成透明的玻璃柱，并在其中设置了漂亮的玻璃展箱，这样一来，它的存在就被赋予了价值，在广告竞争激烈的时代，它们便从上到下充满了商业意义。几天后，纽约的珠宝商和香水制造厂家就把它们全部包租了，很快这里面便摆上了琳琅满目的产品。

仅此发现，就能使希尔顿坐享其成，每年收入可以达到24000美元。

希尔顿之所以被人称为"旅店帝王"，正是因为他独到的理财智慧。他曾指天发誓："我要使每一寸土地都生长出黄金来。"他成功了。希尔顿为什么会有如此大的成就呢？是凭运气吗？不，而是他独到的理财智慧。现实生活中，机遇其实就在我们的身边，只要你勇于去发现，继而去创造，财富自然会倾向于你。

在这个物欲横流的社会里，一切都是现实的，没有理财的智慧，财富永远不会垂青于你。我们不仅要进行投资理财，更要投资自己，不断学习，让自己的眼光看得远一些，见识广一些。当机会和机遇来临时，随时都可以将其把握，进而让自己尝试做掌柜的滋味，做富人的滋味！

通常，那些敢为人先、甘冒风险的人往往可以把握先机，运用自己的智慧赢得财富。其实说到底，财富只属于那些有创意的人，这些人具有强烈的进取心和大胆的想象，一个好的点子可以让贫瘠的土地为你生长出黄金，可以让财富增长，可以成为令人惊叹的事情！

人们常说："有钱的人不一定幸福，但没钱一定不会幸福。"可见，幸福的基础首先是有钱。那么，想做一个幸福女人的你还在等什么呢？不妨开间小店，体会一下做掌柜的幸福滋味！

对于现代女性而言，经济上的解放才是真正的解放，一个财务独立的女人，才能让自己挺直腰板，才能在老公、孩子、家人和朋友面前抬得起头。因为有了独立的经济能力，才能使自己的生命更有活力，才能实现自己的梦想，才能在社会上有尊严和保障！事实上，女性经济独立并不是指女性以争取财务独立为目的，而是在争取自己后半生的主权，能让自己的后半生不成为别人的负担和拖累。

长远目标看待理财

[婚姻没有绝对的保障]

现实生活当中，对一个未婚的女性而言，很难肯定自己一定能找到一位乘龙快婿，所以自己必须考虑自己的后半生；对一个已婚的女性，即使你在家庭中付出了劳力做家务，如果自己经济不能独立，只靠老公的薪水养家，谁也不能保证你的老公不会发生情变，那样你将如何生活？的确，现实生活中，女性大都有自己的工作，但回到家中你同样需要做家务，照顾老公和孩子，这样的女性更是辛苦劳累，如果没有为自己的后半生考虑，那自己的一生简直就是为别人而活。

作为女人，只有自己为自己考虑才会有真正的保障，才会成为真正幸福的女人。所以，不要把自己将来的希望放在不确定的以后，还是靠保单来养活自己吧，这样，当出现意外的时候，自己就不至于没有后路和保障。

也许很多人都听过这样一个笑话：

一位男士认为自己的妻子每天在家做家事，看小孩子，实在是太轻松了，而自己还得每天辛苦的上班。

一天晚上，当他沉沉地睡去后，一位七旬的白胡子老翁出现在他的梦中对他说："从明天开始，你和你妻子互换角色。"

第二天早上，这位男士发现自己真的变成了自己的妻子，一早起来便开始做早餐，然后张罗孩子穿衣起床，送孩子上学，顺便买菜回家，回到家又开始打扫卫生，洗衣做饭，接孩子回家，洗碗后还要辅导孩子的功课，好不容易等孩子睡着，准备休息时，老公的兴致又来了，她只好配合。

才过了一天，这位男士就忙找白胡子老翁要求换回角色，他知道妻子也是很辛苦的，他承认自己错了，以后再也不会抱怨了！但白胡子老翁却说："换回来可以，但你得再等280天。"他问道："为什么？""因为你怀孕了！"白胡子老翁回答道。

很多人听完之后一定会觉得可笑，但笑过之后你是否想过这样一个事实：现实生活中，这样的老公还有很多，他们认为自己的妻子每天在家很是轻松，却不可能像故事中一样可以互换角色去体验女人的不容易，使他们的观点得到改变。因此，现实生活中，女人不可将自己的将来依附在老公身上，因为婚姻并不是女人将来绝对的保障！

[聪明女人依靠"保单"]

彰显女人魅力的地方不是厨房，也不是卧室，而是女人自己的银行！当一个女人拥有了财力时，她的生命就会因此而具有活力！一个女人如果没有自己的理财能力，不能很好地关爱自己，不能为自己以后的人生做好打算和计划，那么她的生活就不会轻松快乐，就不会安全有保障，更没有幸福安定可言！

晓美，已经36岁了，但依然拥有美丽的容貌、妙曼的身姿，也许是因为如此，她身边的男人总是不停地变换着，但每一个男人都有一个共同的特点，那就是他们的荷包中永远是鼓鼓的。当初，因为她无法忍受平淡且没有金钱的生活，不顾老公的挽留离婚了。从此便开始走上这条依附男人的道路。

张玲是晓美的同事，尽管一起工作很久了，但对她的私生活从不过问。一次，无意的聊天中，她们聊到了各自的生活，张玲说自己的薪水虽然不多，但足够自己生活，而且每月会将一部分钱交给保险公司，以使自己的晚年有所保障。晓美听完她的讲述，则说起了自己的观点：女人嘛，其实不必想那么多，过好现在比什么都重要。人生短暂，能享受就享受，只有过好现在的每一天才是实实在在的，现在不享受，等老了还有什么精力去享受？张玲对晓美的论述无言以对。

晓美的生活依然光鲜亮丽，张玲依然按自己的计划生活着。也许是容颜易老，晓美也不例外，一段时间后，晓美的身边再也没有男人出现了，她的生活也有了180度的大转弯……再和张玲谈话时，晓美说道："现在才发现，你说的是对的！现在这个社会里，只有钱才是实实在在的，没有钱，就什么都没有。当你拥有钱时，就要懂得为自己的将来考虑，否则明天的生活就会沦落到喝西北风的地步！"

无疑，晓美是因为"有钱时"没有为自己的将来考虑才会有如此深刻的领悟。尤其是当今社会里，这样的女人还有很多，她们在男人身边扮演着除妻子之外的各种角色，周旋在有钱男人的身边，为别人的生活演绎着各种剧情，而自己的生活却冷落在一边。也许这样的女人到最后只是随意地寻个人家容自己落脚即可，但女人是否想过，再遇到男人是否就是自己后半生的依靠？当然谁都不能肯定。所以，女人靠男人不如靠保单，这样才更安全、更有保障，即使你拥有幸福的家庭、孝顺的孩子，但世事难料，况且人都是会变的动物，女人，还是用保单代替依靠男人和孩子吧，这样会让你更放心、更有安全感！

女人要美丽，也要财富，如果你也想存下一部分钱，并将其运用于投资型保单来打造你的幸福生活，除了做女性应用的保障之外，还可以选择"保单生财"的额外保障，在你拥有保障的同时，打造出一位智慧的小富婆！

女人的幸福生活就要从理财开始，与其把自己的未来放在婚姻的变量上，倒不如及早打造"养老保单"来养活自己的后半生！

以前，女性的依靠只能是自己的老公和子女。而今，经济独立的女性的依靠不再是老公，也不再是子女，而是自己。经济独立就是人格的独立，就是幸福的基础。但有财不一定就会幸福，因为不会理财的女人到头来还是不能独立。所以，现代女性应学会理财，当你学会了理财，那么下一个女富翁就会是你！

经济独立是理财的保障

[懂得理财，才是富翁]

收入是河流，财富是水库，花出去的钱就是流出去的水，只有留在水库里的才是你的财。所以，女人要学会理财，学会钱生钱才是理财的重点。现代社会中，即使你是个高收入的白领，如果你不会理财，也称不上"富翁"，相反，即使你薪水不多，但你是一个精明的理财人，那么，毫无疑问你是一个会理财的富翁，一个聪明独立的女人，一个幸福的女人。

她拥有某名牌高校的博士学位，就职于一家外企，而且还是一个部门经理，年薪就有30万元，福利奖金根本不算。生活中的她，几乎所有的衣服都是名牌，还为自己买了辆宝马，经常出入一些高档的消费场所，让周围的人羡慕不已。但她却没有存款，每个月的薪水都会花得一分不剩，年终时还发现需要还银行10万余元的贷款。

一次，朋友向她借10万元钱，她根本拿不出这么多钱，于是告诉了朋友实话。当朋友们听到她说根本没有积蓄时，都不相信，但却是不争的事实。原来，她觉得自己在大型企业工作，收入很高，职务也不算低，对自己的成就非常满足，认为成功人士就要学会享受人生，尽管自己还没有富翁的级别，但至少生活上要像一个富人。于是，她贷款为自己买了一辆宝马，租住着高级的公寓，吃饭总是吃西餐，化妆品和生活用品也都是名牌。每个月的薪水虽然不算少，但这样算下来，的确没有多少钱能存起来。

故事告诉我们，生活中之所以会有很多穷人，不是因为赚得少，而是因为花得太多。并将其花在摆阔、要面子、满足自己虚荣心方面，而自己真正的荷包却永远是空的，甚至负债累累。一个会理财的女人，就算她的薪水不高，她也可以将其合理地分配，使自己的生活达到一定质量时，将多余的部分放在存折上或用于投资，久而久之，使自己的存折数字增加，成为真正的富人，这就是用钱生钱的理财智慧！

一个懂得理财的女人，才能称为真正的富翁！如果你也想加入富翁的行列，那么就要立即行动，学会控制自己的花钱欲望，节约自己的资金，千万不要提前预支自己的钱！

[你也可以成为女富翁]

现代社会，女人赚钱，名下有亿万财富屡见不鲜。大家熟悉的王菲、杨澜、张欣……早已为广大渴望名利双收的女性树立了榜样，女人们想赚大钱虽然不是唾手可得，但也并不是件难事。生活是现实的，要想赚大钱就不能光靠嘴说，而要发挥自己的先天优势与切实可行的计划，只有这样才能真正赚到大钱。

俗话说"条条大路通罗马"，同样，赚钱致富亦如此，女人要想当女富翁，就要全面了解自己的个性特点，并把握和完善它，这样才可以打造出自己独有的魅力，使之更快成为成功的财富。

赵女士30岁，这正是女人们容易彷徨的年龄。她有着幸福美满的家庭，有着安定的事业，但她却毅然放弃了那份清闲又体面的工作——办公室文员。

一次出差，赵女士办完公事出去闲逛，看到很多当地特色的小装饰，马上想到自己的家乡根本没有这些东西，如果拿回去卖，肯定会有很多人喜欢。出差回来，她便与老公商量起此事，老公非常支持她，于是赵女士工作之余便开始寻找合适的店面，没费多少周折，她的小店便开了起来。起初，她以为只有找到合适的店面，有一定的资金，就没有问题了，但开张之后才发现，经营这样一家店，最关键就是看店主的眼光，进的货品必须吸引人才会好卖。本想将其作为兼职，但由于在货品的选择上必须到处"淘宝"，索性她把那份清闲体面的工作辞掉了，专心经营起自己的饰品店来。货品有了特色，也吸引了不少顾客，而且还发展了很多回头客。有的顾客隔一天就会来问有没有新货，很多时候，赵女士都有些忙不过来了。后来，她直接向厂家订货，一来二去，节省了很多时间，慢慢地还亲自设计一些图样，使货品更加丰富起来。一年后，赵女士的饰品店有了连锁店，仅一家每月的纯利润就可达万元以上。

女人30岁，有人认为是彷徨阶段，有人则认为是创业的最佳年龄。其实，想要争取更多的财富，就没有时间与年龄的限制，只要你对金钱有渴望，努力之后，你也可以成为"女富翁"。别人有亮丽的歌喉、才艺、知识……可以成功，不仅仅是靠天生的优势，还靠后天的努力才能达到。正所谓"条条大路通罗马"，女人，要知道成功是多种多样的，故事中的赵女士不正是一次偶尔的商机，才为自己打造出一条成功之路，一条财富之路吗？所以说，只要你肯发现，你也可以成为现代社会的女富翁！

女人，是柔弱与坚强的混合体。有些人认为，女人就是一个十足的楚楚可怜的弱者。但每次面对挫折的时候，女人就会像一个母亲一样坚强而勇敢。女人无论是在职场中，还是在创业中，往往都会被男人波澜壮阔的霸气所掩盖，所以，为了自己的前程，女人一定要独立起来，在优雅与从容中让自己做最聪明的选择——正确理财！

一个女人，如果可以正确理财，那么她将会成为一个女富翁！

不断充实自我，
追求质感生活

————•————

8

　　懂得生活的女人是世界上最幸福的女人。上帝既然创造了女人，作为女人就应该明白自己的价值。幸福生活是靠自己不断争取的，千万不要相信"无才便是德"的鬼话，女人要不断充实自己，经常改变生活，做一个有品味、有魅力的女人，而不仅仅是一个摆设着的花瓶。

包袱，就是指已经过去的让你至今也许一辈子都忘不掉的事情，像沉重的包袱背在你身上，想甩都甩不掉。好多人都陷在这样一个圈套里，不知道怎么出来，有些人会顺其自然地过着，有些人会与之抗争到底，还有些人会被这个包袱压得喘不过气来，有没有感觉到这样的生活很累？有没有努力地试着卸下包袱重新面对生活？看看圈以外的风景，有没有感觉到现在的生活其实很幸福，那些包袱根本不值得一提？仔细去品味，没有包袱的生活，其实真的很甜美。

放下包袱，感受生活的甜美

[差一点幸福就溜走]

有这样一个游戏，测试恋爱中的或夫妻之间的感情到底能够持续多久：有一条红绳，让一方在不知情的情况下把这条线拉断，看他（她）用的时间是多久？一定要告诉他（她）用力拉，双方对比一下看谁持续的时间长，持续时间长的人证明他（她）感情很专一，很痴情。

虽然只是个游戏，却让许多测试的人对自己也对对方失去了信心，其实发明这个游戏的人是在给那些身在恋爱中的人们或是夫妻们一个暗示：小心幸福会溜走。

她是一个独立性很强的女人，男友是一个很有主见的人，他们的恋爱一直都是处在争吵中，每一次吵架少则会持续一个月，多则半年。每次都是男友先妥协；朋友都怀疑他们两个人是不是在谈恋爱。

强子是他们最好的朋友，在他们和好的时候会开玩笑似的说："要不我帮你们各人再找一个算了，也省得天天都在这里吵来吵去的。我看着都烦了，你们有完没完？"她瞪眼看着强子没有说话，男友拍拍强子的肩膀也不说话。

其实她最清楚自己为什么总是会这样，因为她太独立了，怕自己得不到想要的幸福，心里也一直存在这个压力；就是因为太爱男友了，怕一旦说出来，他会对自己有别的看法；所以，对男友大吵大闹成了她发泄的方式。

日久天长的这样吵下去，男友觉得她太无理取闹了。终于，她又一次吵闹，男友提出了分手，她不敢相信，以前不管她再怎么闹，男友都没有说出这两个字，而今……她没有在男友的面前哭，只是平静的让男友都无法接受地离开了。

就这样过了两个月，他没有像以前一样在吵过架之后打好多电话、发好多短信。她一直在等，在他必经的道路上，等在她与男友最爱去的地方等，希望有一天奇迹会出现，但男友始终没有出现，也没有经过，她感觉一切变得那么陌生，看着以前男友给自己发的短信和邮件，她发现原来每次都是自己的错误而男友竟都能说得让她认为是男友的错。看着看着，她有一个想法：与幸福赌一把。第一次给男友写邮件，也是第一次对男友承认错误，更是第一次在一个男人面前低头，她发现写一封能打动对方的信是多么得难，手指在键盘上不停地敲打着，删了又写，写了又删，好不容易写了一千字，竟然用了一个下午的时间。

当天晚上，她听到了敲门声，是男友，他眼睛肿肿的，抱着她一直说对不起。她捂着男友的嘴说："该说对不起的是我，错的人都是我，是我给自己的包袱太重了，没有发泄对象把你当做出气筒来使了，真的，我发誓再也不会了……"

在爱情面前有爱情包袱，如果不能够适时地放下，不管包袱多么小都会酿成大祸。爱情的丢失，接着就是幸福的远离。恋爱的时候多少都会吵吵闹闹，关键是要两个人都能够理解对方，也要对对方有信心对自己有信心，相信你们会有美好的未来；要对彼此真诚，把内心的困惑说给对方听，相信与其一个人承担倒不如让两个人分担，一个人的坦白也许能拯救两个人的幸福。

恋爱和婚姻中的女人都要小心地对待幸福，不要因为身上的包袱而让幸福有溜走的机会。

[过去并不代表将来]

过去的就算了，然而有些人就是放不下，面对未来很恐惧，每当想起那个熟悉又害怕的画面都会对未来有所警惕，带着这个心理走进了生活，到后来才发现生活原来到处都充斥着同样的一个画面，所以对生活迷惑了，更加深了过去在脑里的印象，产生一种相信过去都是那个样子，将来也不会有什么改变的信念。然而，过去并不能代表将来，看看身边的一切，想想过去那些快乐的日子，努力地放松自己的心情，你会发现生活原来这么美好，过去都错过了，还是努力抓住现在吧！

寒冰长得漂亮，人聪明，心地善良，很单纯。最大的爱好就是听音乐，嗓音更是一流的，学谁的歌都有几分相似，不管是从小学还是到大学毕业都是过着简单幸福的生活。

每个男生都把她当做心中的天使，寒冰的身边也不乏众多的追求者，但是直到大学毕业，她还是单身，因为她相信她的那个Mr.Right还没有出现。

幸福的生活是会有人嫉妒的，不管是人还是上天。但是爱却发生在此时，一份爱让寒冰无法自拔，可能你会说她傻，可是她真的相信玉名就是她今生的最爱，她无怨无悔地为他付出着，不惜任何代价，只为他给自己许下的承诺——你是我的。

玉名是在寒冰刚毕业找工作的时候认识的，一见钟情式的恋爱很快就开始了。当寒冰把玉名介绍给朋友的时候，每个人都是一样的表情，吃惊又遮掩着。女朋友都说："他不像个好人，你要小心点。"而寒冰还是一个入世不深的"小姑娘"，哪里会知道这些。陷入爱情的人都是傻瓜，说的就是那些冲动的人，用在寒冰身上正合适。不到三个月的时间，随着两个人的关系的发展，寒冰也失去了女人宝贵的东西。

很快，他们过上了二人世界的生活，但是太天真的他们却不知道生活在一起是需要两个人的付出和互相理解的。一个星期吵架三次，这样的生活不是他们想要的，也与他们心中所想象的差之千里，玉名根本就没有寒冰想象的那么好，自从她失身于他，玉名就变了，他不再对她那么温柔了，也不再说"我会一直陪着你的"，寒冰生气的时候，也不再安慰她。有一次因为吵架吵急了，还出手打了寒冰，寒冰的心都凉了。后来，玉名接二连三地道歉，寒冰原谅了他。但平静的日子没过一个星期，寒冰就看到他们的床上躺着另一个女人。

可怜的寒冰在看到这一幕的时候几乎快要晕过去了。却发现，玉名笑得如此刺耳，说的话更是钻心的痛："你也太认真了吧，我只不过是想找个人玩玩。"寒冰有气无力地一步一步走出了"家门"，这是她有生以来受过的最大的耻辱，从来没有人骂过她，更没有人打过她，而今天，玉名不但骂了她，打了她，还这样欺负她。

心里承受不了这样的耻辱，她去了平时最爱去的火车道旁边，像平常一样看着火车一列列地驶过，带着对未来人生的无望静静地躺在了火车轨道上……

没有什么过不去的坎，何必要这样跟自己过不去？一次这样的教训还不够吗？为何还要践踏自己的生命？都是因为心理难以承受那么大的包袱。这样的事情在现实生活中有许多，为何要为一个欺负你的人而死，却不能为生你养你的父母而活呢？过去的就让它过去，过去并不能代表将来。

每个人都希望生活会一直幸福地过下去，只要在生活中能够把大事化小，小事化了，幸福就会一直伴随着我们。生活，就是要幸福地生存着，然后高高兴兴地活下去。其实，从某种意义上来讲，生活也是一种享受，经常对爱人微笑，对孩子多一些交流，对他人多一点理解，对家人多一些关怀，让自己放松一些，一些小小的事情就会带给自己最大的快乐；因为你的行为也让别人幸福着，所以，千万不要让自己背负沉重的包袱，而应抬起头来往前看，仔细寻找生活中无处不在的幸福的影子。这么美好的生活都在等着你去寻找，还有什么包袱比幸福更值得你去"背"的呢？

生活到处都有挑战，不是每件事情都会一帆风顺的。也许有人会说事业成功就好，可是家庭在生活中的地位也是很重要的。如果只是事业成功，却葬送了幸福家庭的话，那么你这个人是不成功的。女人要想幸福，就要面对生活中的一切挑战，在父母面前做一个孝顺体贴的女儿，在丈夫面前做一个善解人意的妻子，在孩子面前做一个说话算数、关怀不断的好妈妈，在事业上做一个爱岗敬业的女强人，做不到的就大胆地说出来，想哭的时候就哭，想笑的时候就笑，做到这些，就足够幸福一辈子了。

勇敢面对未知的生活

[平静生活不一定就幸福]

两个人要在一起过一辈子，这么长的时间要怎么过完呢？喜欢冒险的人想过精彩丰富的生活，喜欢安静的人就想过平静安稳的生活，可是自己想的生活就会有吗？也一定会幸福吗？天不会遂人愿的。

平静的生活更是不可能的，只不过是外表幸福的一个虚壳罢了。其实，如果仔细寻找，会发现生活中有很多乐趣，不一定平静如水的生活就一定会幸福，那只不过是心理上的一种安慰。

为了生活能够幸福，为了两个人能够白头偕老，自私一点为了自己的幸福，让生活适当浪漫一点，两颗心的距离近了，幸福也就不再远了。

他和她相识已两年之久，从来没有吵过一次嘴，他们有着一样的性格：从来都不愿把自己的心事说给别人听，即便是对方。就这样过了两年，他和她结婚了，家人和朋友的脸上都洋溢着幸福的笑容。

他每天上着班，早出晚归，她也一样。有时候他下班晚了，他都是一句话："我今晚不回家吃饭了，你先吃吧！"不是打她的手机而是在家里电话留言。这样的日子很平静，也正是她想要的。他们从来不一起去游玩，结婚三年还没有一个小孩，家里人都急了，可是问他们又好像是事前商量好的一样，都说没事，不想要。别人不知道，是因为他们都对彼此没有兴趣。他们两个人在一起就好像是签订的婚姻合同一样：只出现在公共场合中，配合家里的父母而已，其他的一切免谈。

这样的日子很枯燥，很无味，太平静的日子会有人乘虚而入的。他是那种有远大理想的人，是每个女人心中成功的好男人。在他负责单位招聘人员的时候，一位妙龄女子对他很是倾心，因为他给了那女子工作的机会。而这个女子喜欢上了他，以"谢谢他给自己一次机会"的借口请他吃饭、游玩，诉说着自己对他的欣赏，慢慢地转变成了爱。他每天不再准时回家了，她发现了什么，终于还是忍不住说出了口，他说："她比较年轻，对我有着吸引力。我离不开她，她也离不开我。我们离婚吧！"她不相信，可他最终还是把那一句话说出来了。

"让我见见她好吗？"她恳求道。他点点头，第二天，她们见面了，她不得不承认自己从哪个方面都无法与她相比，他在远处看着她们两个人，听不到她们在说什么。只看到她一下子冲出了咖啡店，后来就住了医院。那个女子从此再也没有与他联系过。从岳母那里听说，那个女子说如果她肯亮红灯头不转一下地走过去，她就甘愿退出。

在医院，他抱着她说："你打我，骂我都可以……"可是她却幸福地笑着说："都是我的错，我一直想要平静的生活。"

他回来了，他们也不再像以前持续"冷战"了。一切都变得不再"平静"，却过得很是幸福。

每个人都有所需，特别是夫妻之间，不要冷淡对方，更不要把心事放在心里不说出来，否则，夫妻之间心的距离就会越来越远，最终会为此付出很大的代价。

如果能够挽回的话，算是幸运，但如果不能，就很不值得了。所以，还是适当让自己的生活过得精彩一点，试着在生活中寻找一点乐趣，以免幸福生活出现危机。否则你要么接受挑战，要么退出，你愿意吗？那么好的生活为什么要拱手让给别人。为了避免出现这种幸福生活的挑战，还是给生活适当适时地添加一点颜色或风味。

[面对挑战过幸福生活]

生活测试着一个人的耐心，一个人的恒心，一个人对人生的看法，一个人对过去的释放。总之，生活处处有挑战。有些人一天24个小时看他，你都会发现他一直在笑；同样有些人却是一天24个小时有20个小时都是愁眉苦脸的。那些笑的人也许你会说只是表面的，可是谁能坚持一天都那样；那些一天都烦恼的人，也许你会说其实他心里是幸福的，可是为什么不摆在脸上，难道幸福是一件很糗的事吗？

谁的生活都会发生一些或大或小的事情，而我们更注重的是怎么处理这些事情，结果如何，我们该怎么面对。而不是"沉浸"在挑战中，与它搞"持久战。"

她一个人生活，尽管没有丈夫，却一样过得很幸福。

每个周末，她最爱去的地方就是公园，看着小孩子们嘻嘻闹闹很是幸福。每次去，她都不会忘记带小孩子们最爱吃的零食，在那里，每个人对她都很熟悉，小孩子们都喊她"妈妈"。

三年前的她，从来没有和家人一起幸福地来公园玩过，就算有时候在一起吃饭，不到十分钟，不是他提前走了，就是她要迟到了。三年后的一天，他突然说："我们离婚吧，这样的日子我无法再过下去。"表情坚决的他拿出了一份离婚协议书，她签上了自己的名字。

儿子听小朋友说与爸妈一起去哪个公园玩了，又去哪里划船了，感觉很好，可是自己的妈妈每天都很忙。一天，他一个人在家很无聊，想要去公园，可是还没有走到公园，就被车撞了。在看到妈妈的第一眼时，他说："妈妈，我好想和你一起去公园，等我病好了，咱们一起去好吗？"妈妈看着儿子，忍着泪说："好儿子，要乖乖地听医生的话。病好了，咱们就去。"可是儿子却永远地走了，去了自己梦想的公园，再也回不来了。

回到家，看着孩子的衣物，玩具，书包，一切是那么熟悉又陌生，痛不欲生的她搬家了，一个人来到了这里，正常地上着班，每个星期不管有什么事情，她都会来到公园，不管晴天还是雨天。丈夫说过要复婚，可是她拒绝了，她说："一个人的生活更好过，我不想再回到过去。这个挑战对我来说太大了。"

丈夫和孩子对女人来说是最重要的，就像她的左膀右臂，失去哪一样都会钻心地痛。生活不会看你可怜而眷顾你，也不会看你富有而让你灾难重重；它会按照谁都不知道的规则让你在生活中一点点地遇到不同的挑战，亲人的失去，第三者的插入，工作上的不顺利……如果你不能承受，那么你就是生活的失败者。

生活，生下来，活下去，要想在生活中过得幸福太难。生活中有太多太多的困难和挑战都在考验着人们，所以要想在生活中过得幸福，有难就面对，有挑战就要勇敢地接受，不要被困难吓倒，也不要惧怕挑战，因为你也有参赛的资格。

没有一成不变的生活，更没有永远坎坷的生活，上天给每个人的生活都是公平的，关键就是要有一颗勇敢的心去面对。相信并不是只有你一个人的生活是坎坷的，只不过那些你看着没有苦难的人都找到了释放渠道，所以才会过得快乐。看看那些过得快乐的人，其实他们的快乐是由过去的代价或付出为基础的。

女人，幸福生活是不会主动找你的，只有自己去争取，面对生活中的一切挑战，伤心可以，但是不能一直沉迷于此，更不能让自己永远地局限在挑战中的一个角色，要学会转换自己的地位和角色，那样才会过得比别人快乐。生活如果没有挑战，就不会有趣味，拥有自己该拥有的，那些失去的只能证明它不属于你。所以，一定要放下过去，勇敢面对生活中未知的一切，并做好迎接挑战的准备。

世间不如意之事，处处都有，不可能完全按照自己的想法去发展。能改变的就尽自己最大的努力试着做，不能改变的就去接受这个事实。不管事情结果如何，都不要放弃，更不能对自己失望，因为在你身边发生的每一件事情，你都是主角。与其放弃、对自己失望，还不如相信自己，给予心理上的支持和力量，结局就会转变。女人也许会认为被一个男人抛弃是最大的耻辱，对自己再也没有信心，女人也许会因为自己的某个缺陷而抬不起头，产生不自信的心理，其实这都是没必要的，不要轻易对自己失望。

永远都别放弃了自己

［不要认为自己没有用］

女人，最怕的就是自己还没有得到别人的评价，就先自己否定了自己，认为自己很没用，其实这是心理上的作用。

世界对每个人都是公平的，不管你是男人还是女人，只要你生存在这个世界上，就有一个位置是最适合你的，关键就是你要自己去找。这个时候，千万不要对自己失望，要有自信，相信自己也可以做女强人，不管是在工作中还是在爱情面前。

她是一个漂亮的女人，备受男人的青睐。她有着一份很轻松的工作，虽说工资不多，但足够养活自己，日子过得很是安稳，没有一波未平，一波又起的涟漪。

毕业快两年了，她一直没有男朋友，别人都怀疑地看着她说："不相信。"然而这个事实也只有她自己知道。有人说她太骄傲，有人说她给人一种不稳定的感觉，有人说她不像个女人，而像个男人……面对这些闲言碎语，她不知道怎么办才好。议论越来越多，有时候她会请假不去上班，一个人待在家里；有时候会大发脾气，但结果不仅没有转机，反倒越来越糟。

"我好没用，为什么会这样？以前那么有激情的我现在哪儿去了？感觉现在的我不是我。"她一个人在家里听着广播，一个主持人的声音吸引住了她，一段话打动了她，于是就拨通了电话，说出自己最困惑的，也是最想不明白的，这是她第一次把自己的秘密公布于众。主持人听后，为她放了一首成龙的《不要说自己没有用》：很多时候我们都不知道，自己的价值是多少。我们应该做什么，这一生才不会浪费掉。我们究竟重不重要，我们是不是很渺小。深藏心中的那一套，人家会不会觉得可笑。不要认为自己没有用，不要老是坐在那边看天空……听完，她明白了主持人的意思，最后，主持人送她一句话："改变谁都不如改变自己。"

三天后，她对主持人说："我已辞去了工作，我要重新开始，明天就是一个崭新的我……谢谢你！"第二天，她带着主持人的那句话和成龙的那首歌去了另外一个城市。

十年后，她回来了，已经是一位董事长，身边多了一个他——她的丈夫，而他就是那位激励她成功的主持人。后来，她不再隐藏自己的那个缺点——手残，她的座右铭是：爱自己，不再认为自己没用！

世界上最大的敌人就是自己，只要战胜了自己，其他的也就不算什么了，就像经历过生死的人对世间的一切都看透了一样。

女人，相信自己，没有太多的时间回忆过去，更没有时间一直自我沉溺于不足中，在不努力的时候就已经落后于人，一味地自责会更落后于人，会成为被时间的洪流卷走的一粒沙土。

[错过幸福]

相信女人心底里某个地方流淌着一种期待完美爱情出现的血液。在转角的那一刻看到渴望已久的未来，某处有一个他说："我认定的就是你！"在你改变决定的那一刻也许事业就在一刹那间成功，在睁开眼睛的那一刻看到黑暗后的第一缕阳光……

这样的画面是会出现的，相信是奇迹也罢，相信是命运也行。总之，不要对未来失望，更不要对自己失望。要坚信：下一个成功的就是你，下一次就会拥有幸福！

自从毕业上班之后，她再也不像以前素面朝天。在同事的帮助下，打扮得更漂亮了，公司里的倾慕者越来越多。可是没有谈过恋爱的她，相信跟着自己的心走才是最好的，所以她选择了自己认为最合适的一位。

一年后，她又变了样，她不爱与男友沟通，也不愿意分享自己的想法。吵架，挨打，这些最可怕的在这一年的时间里她完全体会到了，遍体鳞伤，想要分手不能分，对外人不能说。如果说了，回来就是一顿打，她对爱情绝望了，对自己更是绝望了，她想着只有一死了之。

一天中午，男友打过她之后，把她关在了家里。就在此时，有人喊她男友的名字，喊了好长时间，她有气无力地说："他不在。""家里有人？开一下门好吗？或是告诉我一下，他去哪里了？"这个声音是那么的熟悉，仔细想来，原来是小伟，小伟曾经也是她的选择之一。其实她更对小伟有爱意，只不过是男友追得太紧，于是她就做出了决定，没想到现在……越想越委屈，一个人哭着，说着："我真傻，我爱的是小伟，为什么一时冲动答应了他？这次我错了。"

"下一次就会幸福的。"突然听到某个声音，她吓得一下子蜷起身子，再也不说话。这次没有感觉到拳打脚踢的痛，却有一丝丝的温暖。抬起头来发现是小伟，她靠着小伟，哽咽着说："我配不上你，是我的错，我错过了一次幸福。"小伟知道他现在说再多也不能解除她内心的痛苦，他只有付出行动，保护她。她的男友再也不纠缠她了，她得到了自由。可是她却像个被枪声吓到的兔子一样，听到前男友的声音都会心神不定。她决定离开这个伤心之地，可是面对小伟，她不知道要怎么说。不过终究还是说出了口："明天8点的火车。只要能够找到与

K360次列车12号相邻的座位，就证明我们有缘。"她与自己的幸福赌了一把。

7点59分了，小伟还没有到，8点钟，她再次往后看了一眼，还没有发现小伟的身影，于是就上了车，熟悉的12号，却没看到熟悉的人。这时手机响了，来自于小伟"下一次幸福！"她哭了，回了四个字"错过幸福"。

后来，小伟去那个城市找过她，她知道小伟会这么做，而她选择的是去了另一个城市。真正与幸福错过了……

受过伤害就怀疑它的纯洁，带着一切回忆，幸福错失了。女人们最爱与自己的幸福打赌，可是每次输的都是自己，还有那份让人心碎的爱，也一下子输得彻彻底底。

每个人都很不幸，过去的阴影一直在心底的最深处徘徊，不是挥之不去，是无力挥去抑或是早已习惯了把自己深深地埋藏在里面，不再相信未来还会有幸福属于自己。女人就是这样，为何不能够放弃前嫌，给自己一次追求幸福的机会？女人不要傻了，痛苦的时候，大声地哭出来；开心的时候，用一颗充满阳光的心去追求下一次的幸福，不要再错过了！

上天是公平的，每个人的幸福只有一次，如果不去追求，它就会弃你于不顾，永远不会再回过头来光顾你。

女人，幸福的生活才是最符合你们的，不要把无私的美好爱情理解错了，如果那个人因为你的缺点而不爱，或是在你最需要他的时候不但漠不关心反而给予你精神上的打击，那他最爱的人不是你，他不值得你为他牺牲。

女人，爱情面前人人平等。不要一直守着自己的那个不足，相信任何人都不完美。改变自己，从相信自己开始，寻找属于自己的那份幸福。

生活就像五味瓶，有酸甜苦辣；生活就像气球，也有一定的承受能力；生活就像女人的化妆品，不同的化妆品适合不同的皮肤；生活就像一张光盘，时刻刻录着。但其实，生活也像是一个垃圾桶，该扔的就要扔。

生活太简单不是你没有用心，而是你对生活的态度，因为你没有把生活当做是你生命中的一部分。生活就像一面镜子，你对它笑它就笑，你哭它也跟着你哭。女人，就是镜子里的那个主角，收起你哭丧的脸，微笑面对生活吧！

收起哭丧的脸，笑对生活

[流过泪的幸福]

生活是双面的，你对它付出多少，它就回报你多少。生活不是一个人所能决定的，但是你不试着改变，就是你的不对了。

谁都有苦，男儿可以有泪不轻弹，可是女人退一步说可以流泪，但是一直流泪就不对了。未来生活多么有趣，不是你天天流泪就可以知道的，也不是为了什么闹得死去活来，生活就会过得很好，只有真正地活着才能懂得生活的幸福！

涵落与别人一样有着亲生父母，可以上大学，现在也有了自己的家。但不一样的也有很多，她从来没有见过亲生父母，上大学的学费都是靠国家资助的，唯一有的就是现在的家，才能够让她与其他女人有一个相比的条件。

涵落一生下来，就被亲生父母丢弃了，只因她是女孩。没多久，她被一个一无所有的人捡到了，就是在她8岁时死去的养父。养父死后，她尝够了太多人的冷眼恶语，对人情已经淡漠，但她从来都没有哭过。别人骂她是一个"煞星"，而她照样过着自己的生活，一有时间就去养父坟前说说话。

就这样熬到了大学，同学们都不太喜欢她，甚至讨厌她，因为她是一个让所有人都摸不着脾气的人。只有一个人懂她，他就是君落。两个人的名字很相似，背景却完全不同，每个人对他们两个都有所怀疑。

也只有君落才知道涵落为什么会那样对待每个人，沉默不语，一副别人说的"死脸相"而在自己面前却是那么的容易伤感，最多的时候就是流泪。别人不知道她承受着多少委屈和辛酸。为了生活费而被别人骂过；因交不起学费而在雪地里跪上一夜，到现在，腿还会隐隐发疼；看到别人籍贯登记表上填有父母一栏时，她曾不顾一切地冲出教室；不管班上还是学校的活动，她都会参加，明明得了第一，却不去领奖。每当这个时候，都是君落一直在陪着她，而涵落在伤心地哭泣……

涵落始终在哭，从来没有微笑过。她哭，为了过去的种种；她不笑，是因为都是被泪水所代替。自从嫁给了君落，她还是从来都不笑，只不过没有再哭过。因为她嫁给了能够让自己幸福一生的人，在家里，从来没人会伤害她。

女人，不管生活多么无聊、困难、辛酸都坚强地走下来；放松一下自己可以，但是不可以放弃；哭泣可以，但不可以一直流泪；可以失望，但是不能绝望。相信"车到山前必有路"，世上最悲惨的不是自己，还有人比自己更悲惨！

有哭有笑的生活才是多姿多彩的，任何人的一生都不可能平静无奇，现在的快乐其实就是将来的幸福。女人，相信自己吧！再困难的生活，只要用心去对待，宁可笑着流泪也不要哭着说放弃，生活终究会对你笑的。

[微笑过生活才开心]

微笑过生活其实就是要你笑对人生，面对围绕在自己身边的愁事、痛心之事还能心安。

不是每个人的生活都是一帆风顺的，女人的生活更难，在家里是"管家婆"，在外面当"女强人"，在丈夫面前还要当一位好老婆，一天中能够换多少面孔去面对；但是这样的生活是很有价值的。再苦的生活，只要对它笑一笑，日子就会过得快一些，自己也会感觉舒心。

王倩是一个很开朗的女孩，不管对什么事情都很有主见，面对感情更是敢爱敢恨。受过伤的王倩和别的女孩一样有着悲伤的爱情故事，被伤得体无完肤的她独自一人来到了南方，原本想要凭着自己的大专文凭找一份称心的工作，可根本就没有人理会。抬头看看天是蓝色的，可她感觉却是那么的闷；看着大街上来来往往的行人，没有想到自己也是这样被别人看着。

突然间，她心想：不是还有别人和我一样没有找到工作，未来无着的吗？之后，她又去面试了一家，也是最后一家，因为她快没钱了，来了两个月，还没有找到工作。柳暗花明又一村，这一次，她成功了，而这个老板就是远方。

由于王倩聪明能干，半年后就被提升了，远方对她也越来越不一样了。可是面对那么多人的议论，把公司放在第一位的远方敢爱却不敢承认。王倩也觉察到了这一点，对此，她不言不语，尽管如此，还是被许多同事骂着。王倩走过去后背都能被目光戳个洞，回过头来还是一样笑着对她们说话。都说"唾沫星子能淹死人"，王倩就被安上了"寄生虫"、"大腕"、"小姐"之类的名词，但王倩都是置之一旁，每天依然做着份内的事情，不管对谁都总是微笑，在她的脸上找不到任何一丝不愉快。

这时，远方找到了王倩，对她说："倩，你也知道我的意思，可是现在对你很是不利。我承认我懦弱，随便怎么样都行，但我希望你能幸福。"可是王倩并没有如远方想象中的那么无理取闹，不识大局。面对这样的"危机"会如此的平静，这是远方所没有想到的。

一次，公司里的人发生口角，大家索性把新事旧事一起说了出来，还闹到了董事长那里，虽说王倩和远方的"地下情"得以见到"阳光"。王倩并没有被这件事情吓倒，而是平静地向董事长陈述着她与远方的关系，她的大度和面对此事的平静心态，得到董事长的赏识，直接被升为秘书。

两人的爱情得到了证实，她在爱情面前用微笑取得了圆满的结果，在现实生活面前用微笑面对，赢来了爱情事业双丰收。

如果认定了就要勇敢地去追求，如果你并没有什么错，不管面对多么大的压力都要相信自己是清白的，有理走遍天下，相信微笑也能赢得全世界人的微笑。

女人，不可以因为工作上的不顺利、领导的不器重、同事之间的不理解、工作未得到应有的回报等事而不开心或放弃，这是不明智之举，只能给自己添加烦恼。所以，一定要笑对生活，做让自己快乐的主人！

一生这么苦短，为了一些鸡毛蒜皮的事情而让自己伤神是很不值得的，因此让自己不快乐更是不可取的。笑对生活中的一切不平之事，做到物我两忘，做一个幸福的人，过快乐的生活。

女人，烦恼之事就像无形的杀手，你心中的烦恼之事越多，杀手的野性越大，欲望越大，你幸福的日子也就会越来越少，青春易逝；只要你对它笑，野性、欲望都会随之减弱，其实这是幸福生活心理战术。

事实上，来到这个世界上的每个人都很不幸，却又很幸福；不幸因为出生在这个世界上，很幸福也是因为出生在这个世界上。同样一个原因，人的心态却不同。只要出生在这个世界上，不管你保持什么样的心态，都要生活下去，既然如此，为何不笑着过一生，幸幸福福地过日子，活得潇洒自如！

有的女人喜欢过刺激、浪漫的生活，这样的女人大多都不会相夫教子，因为她们对外界还有着一颗"野心"；女人，不可太"放肆"，随遇而安也是一种不错的生活方式。试想：如果生活到处充满荆棘会是一个什么样的现象，今天搞个失踪，明天找个借口要他去买钻石？这样的生活恐怕只能维持一时，不会幸福，只不过是在满足心里的某个缺失。女人对生活既要保证质量也要懂得如何才能过得更开心，而不只是从自身出发。并不是自己事业一定要与他一比高下才算幸福；也不是每天都要让他给自己一个奇迹才算是开心的一天，其实，每天都是新的一天，女人只要试着享受生活，顺其自然也是一种幸福！

顺其自然也是一种幸福

[我要拼！拼！]

越来越多的女强人出现了，昔日的"男主外女主内"的规则已经落伍。每个女人都试着想要挣脱家庭这个牢笼，去做一个自由的小鸟俯瞰世界，这样的计划听起来真是美极了。可是，外界有多么复杂，她们不知道，在外面打拼有多么辛苦，她们想象不到，一旦她们出去了，家里的一切会变成什么样子，她们也没有想象过，这些都是毫无准备的，却一心拥着"拼"的意念。这样的生活会幸福吗？会有想象中那么美好吗？

丈夫上班前，妻子总会送他一个吻；下班之后，妻子做了一桌热气腾腾的饭围在一起吃着，有小孩的吵闹声，一家人过得其乐融融。

一天，像平常一样围坐在一起吃着饭，随便聊着，妻子突然说："不想在家里待着了，没意思，想去外面看看。"丈夫抬头看了看妻子说："还是在家待着吧！外面的世界不适合你！"正是这一句话，更激起了妻子对外界的期待，妻子想到丈夫一定不会答应，她也只是点点头。

把丈夫送去上班，送儿子去上学的时候，儿子说："呀！妈妈今天好漂亮！"妻子笑着说："这是咱俩的秘密，不要告诉爸爸，明白吗？"儿子可爱地点着头，却一脸迷惑的表情。

利用在网上准备好的资料，她去应聘了，是一家卖东西的，她想先找一个试着干，再慢慢找其他的，没想到一次就应聘成功了。里面的人对她都很好，特别是总经理更是对她连连称赞。就这样，她有了自己的工作，为了不让丈夫发现并能按时接送儿子上学，公司还同意让她提前几分钟回去，工资不变，这么丰厚的待遇唯独她一个人有。她什么都没有问，感觉公司真是好极了。

第二天就去上班了，丈夫没有一点觉察，她心里甚是高兴，就这样过了一个月，由于她的工作业绩没能上去，公司便让她支付一定的赔偿金，她不同意，可是当公司提出合同上面有的时候她才想起来，不履行合同是违法行为，于是就拿出了赔偿金一万元。到第二个月，她工作就更认真了，同事们也都鼓励着她，她更加努力了，可最后还是没有达到目标，这次，她拿出了五千块的赔偿金。她更加有信心了，领导安慰她说："刚进公司的时候都是这样子，慢慢就好了，能挣到比这赔偿金多几倍的钱。"

"你去了哪里？"丈夫询问着妻子，她像没事人一样说："没去哪里，就在家待着。"

"被骗了还不知道？"丈夫看着妻子，第一次大声对她说话。妻子看看丈夫又看看儿子，儿子低下了头，她才明白过来。

"那是一家传销公司。合同你是不是还有一份？"妻子不敢相信，当丈夫对她指着合同中的一些违法事项，她才哭着说："我不知道。我只是不想看着你一个人为了这个家太累，没想到……"

等丈夫再去那家公司的时候，已是人去楼空了。

太过安逸的日子会没有一点颜色，感觉很无味，总想找出一点事情去做，可是要找到正确的渠道，要懂得一些最基础的法律常识。现实社会的残酷是赤裸裸的，也是往往最难以让人捉摸的，在残酷的社会现实面前，那些单纯的想法只不过是鸡蛋而已，一碰就烂。

外面的世界对女人有着很强的吸引力，在家里过惯枯燥无味生活的都想去外面闯闯。但是闯过之后，看着眼前伤痕累累的自己再也找不到过去的面容姣色。所以说，女人不要太累，要懂得爱自己！

[停下来的幸福]

女人可以有事业心，但是不要做工作狂；女人可以浪漫，但不可以浪费青春。女人的青春是最短的，一定要找个时间停下来，让自己呼吸一下爱情的新鲜空气，体会一下生活中琐碎之事的幸福，去旅游一下看看外面的风景，适当地放松自己，不要时刻都紧绷着心弦，那样的生活太累。

女人停下来看看周围吧！你会发现原来草这么绿，水这么清；抬头看看，你会发现天空中的鸟好像又多了几只，空间好像比以前大多了，云都在对你笑……

她是一个标准的女强人，名副其实的不嫁女；她是公司的总裁，是公司里年龄最大的一位，也是单身的那一位。她最强，每个女人都很羡慕她，男人对她更是佩服。

受过感情伤害的她，不敢爱，也不再相信爱。分手的那一刻，她没有哭，没有说"祝你幸福"或是"再见"、"拜拜"之类的话，而是竖起了大拇指。分手后，她也没有像其他女孩一样远离这个城市，再也不见对方，而是一直待在这里，报复也罢，离不开也罢。

每天，她都把自己扔在一堆堆的资料中，不分黑夜白天。她把公司当做自己的家，有时候会在公司里连续呆上一个星期也不出去。后来，有人喜欢了她，名叫徐刚，看到她这样拼命工作，徐刚常常会关心地问她："这样做自己会不会太累了？"

"有什么，习惯了就好了。"她总是一副满不在乎的表情。其实徐刚知道，她一个人这样打拼吃过的苦是他从来都不曾体会到的；她之所以会变成这个样子，徐刚也知道，身在商场中的人都是一样冷酷。徐刚明白，有一个人始终爱着她而她自己却不知道；他也明白，这一切都只是因为她还没有放下过去，周围的一切除了工作再也没有什么能够吸引她的了。有时候徐刚让她去逛街、游玩，她从来没有去过。

一天，徐刚高兴地对她说："我想今天你肯定会去的，一定对你事业有帮助活动。相信以你这样的身份必定会成为今天的主角。"可是，她最终还是缺席了，电话也不接，让所有的人都失望了。

她在广场一个人默默地走着。看着在这里嬉戏的人们，她感觉到自己好像脱离了人群，抬头看着天空，没有星光闪烁，黑漆漆的一片，看起来很空洞。突然，眼前一闪一闪的紫色灯光吸引了她，她走了过去。可是眼睛模糊了，而就在这时，又一紫色光沿着自己的方向"跑"了过来，一下子，身边"开出"了紫色的玫瑰花，她就像一位仙女被玫瑰花簇拥着，一时间，她成了所有人的焦点。她呆呆地看着，内心感到幸福极了。

"停下来，会很幸福！"她转身一看，徐刚正看着她微笑，她也笑着点了点头。

"三束玫瑰，明白我的意思？"这时，周围的人们都起哄说"嫁给他"，还有人早就替她想到了答案："我爱你，快说。"也有人羡慕地说："真幸福！"

"我爱你！"她终于说出来了。徐刚对她说："这就是停下来的幸福。"

每个人都拥有幸福，不要渴望太多，也不要绝望地相信再也没有幸福可言了，这都是对自己的不负责。要知道，幸福是靠自己争取才能得到的。

女人，一次伤害并不代表永远受伤。要学会爱自己，不要走得太急，停下来歇歇，便会发现吸引你的另一番风景。

柴米油盐，生老病死都是一种生活，只不过形式不同；一生的计划那么多，总有那么一两件不顺心的；不满于社会的人们，停下的那一刻，你会发现随遇而安的幸福！

女人，事业成功很重要，但是不要忘了，适度的随遇而安也是一种幸福。

世上之事，往往不尽如人意，常常为这些事情而烦心的人寿命会缩短。有些人只是感觉自己很是郁闷却不知道为何；有些人为了一句话就会生气，而且气得说不出话来，这种情况更是可怕——伤身体；有些人太过杞人忧天。殊不知，这些往往会给自己带来许多莫名的烦恼。其实，这些事情都只不过是生活中的一些琐事，许多人却因此而忧虑，让忧虑占据了生活的许多空间。倘若想一想短暂的生命，我们就没有什么理由不开心。不要忧虑，要学会放下。

学会放下，快乐常伴

［别为小事而忧虑］

一个人莫名地产生烦恼，会有点奇怪，可是当你问到他的时候，他不是说"都是她说我怎么怎么了"就是"那个人真是讨人厌"，更有甚者"我就看不得那些人的打扮"，这些事情虽小，可是却影响着他们的心情。

女人的心细，更容易"自寻烦恼"，因为生活中的一些小事情而心烦。其实大可不必，一些小事情，就算你不去管它，它也会发生的，发生之后一定会过去的，何必为此伤心、伤神、伤身体，又让自己的脸上多添几条皱纹呢。

玉之与何言很恩爱，从结婚到现在，两人已经共同生活十年。十年间，他们从来没有争吵过，生活一直都很平静，这也正是他们想要的生活。

最近，玉之突然特别关心何言，每天，她都会赶在上班之前，下班之后给何言打电话，如果有一次何言没有接电话。玉之便会追问一番。刚开始，何言并没有感觉到什么，想着老婆对自己越来越好了，她的所作所为只不过是在关心自己而已。何言越是解释得有理有据，玉之越不放心，常常因此放心不下，有时候会做一些噩梦，总是心神不宁的，何言问她的时候，她却说没什么。

一天，玉之又给何言打电话，听到电话那头有女人的声音，她二话没说就挂了。等到何言回来再解释的时候，她已经不在了，何言看到桌上放了一封信。上面写着："何言，允许我最后一次这样喊你。我一直放心不下的事还是发生了。最近我常常做梦，梦到你被别的女人抢跑了……每天打电话给你就是想要证明你还在。可是……你还是骗了我，我也骗了自己。最后你还是走了，我放你走，虽然不舍。咱们的感情就到此结束吧！我选择退出，不会为难你的……"

何言看着信和签好字的离婚协议，想笑又想哭。笑，这个女人傻得可爱；哭，这个时候还为自己着想。他到处打电话，却始终没有找到玉之，这下他着急了。最后还是从儿子的口中得到了玉之的住处，当何言找到玉之的时候，她不再笑，脸上的皱纹也多了几条。何言心疼地抱着玉之，而她却挣扎着，何言说："你这个傻女人，真是让我又爱又恨。"

玉之早已哭成了泪人，何言帮她擦着泪说："她只不过是我们公司的一个客户。为了庆祝生意成功，对方提出了一起去喝咖啡。我没有提出就已经够不好意思了，再不去就更是我的不对了，领导就把这个任务交给了我。我还没有来得及解释，你就挂电话，搞神秘失踪不说，还提出离婚，更可气的是还签上字，弃我于不顾。"

"再也不会了，是我的错，我想通了，是我最近太忧虑了，那份协议还算数吗？你签字了吗？"玉之着急地问着何言。

"傻瓜，我才不会像你一样！"

女人最看不得感情里含有半粒沙子，她们生气其实不是不爱丈夫了，也不是在找事，只不过是想在丈夫的身上寻找一丝丝安全感或只是单纯的发泄。

女人，其实这种做法是不对的，有事情就要说出来，夫妻之间就要坦诚，不要按照自己的思维走，也不要顾虑对方怎么看待自己。只有这样，才会解除心中的忧虑，才不会让婚姻生活伴随着自己的忧虑而出现危机。

[做一个"不问世俗"的女人]

　　有时候，有一个思想一直围绕着自己转，尽管自己再怎么思索都不会明白到底是怎么回事，它一直纠缠着自己，这时心情就会变得越来越糟糕，开始焦虑、不安、心烦意乱、神情紧绷。从此，思维就像一辆没有装货的火车一样，不按轨道行驶，足够把一切都撞毁，最后自己也会崩溃。

　　女人，拥有这样的思想是很恐怖的，所以，面对生活中的一些烦心事，不妨都抛到一边，轻松享受生活，让自己和家人过得更幸福、开心。

　　她可以说是一个十全十美的女人，别人都问她是不是信奉佛教或基督教，而她却说什么都不信奉，只相信自己的一颗心。

　　公司越大竞争力越强，大多数白领都被压得喘不过气来，而她却过得很轻松，每天有说有笑的，更让人羡慕的是，她的工作业绩也一个劲地飙升。公司里的人都很怀疑，为什么她工作能力这么强而感情生活却很失败，现在却还这么有精神？别人都不知道她对感情其实都已经看透，感情丢失了没什么大不了的，关键是不要认为它是你最失败的一件事就可以了，用一颗平静的心去对待。

　　爱情里，她是一个失败者，仅仅因为她被男人抛弃过。她同其他女孩一样，在最爱的人说出"分手"那两个字的时候，她哭了，也为此伤心了好一阵子。当重新回想过去的种种时，她想通了，决定放下这一切，不再把自己封闭在牢笼里，而是整理好心情，去接受新的开始。

　　她还是朋友们的心理医生。当朋友遇到感情挫折的时候，朋友会说："他算什么东西，爱我的时候一个样，不爱的时候又一个样。"而她则会说："爱，本来就是这样，最在乎的就是过去曾经在一起的那段日子，谢谢他陪你走过。"朋友们都说她有时候太傻，但又仔细一想，她说的话也不无道理。

　　女人，何必为了一些不必要的事情而自寻烦恼，只有想得开心，做得快乐，让心灵得到历练，你才会觉得生活是多么的丰富多彩。想想过去、现在和未来，需要去做的还有很多很多，因为一些小事而忧虑，没什么意思，只能让自己更失败。女人，要想拥有幸福的家庭，就要努力做到"不问世俗"。

不是每个人都整天烦恼，但是人人都会有烦恼；不是每一天都会快乐，总有那么一刻是不开心的；爱人不是两人天天都腻在一起，但是爱情却可以长久；不是有些事情总与你作对，而是你自己在为难着自己；每个人的生活其实都是幸福的，只不过你没有切换自己的角色去考虑另一个方面。

女人，不管在感情面前被抛弃了多少次，都不要忧虑，不管在事业上被同事怎样讥讽，也不要产生报复心理，不管对某件事或人多么的失意或绝望都不要对自己绝望，要相信失去一次，下次就会幸福，上帝不可能让一个人总是失败，除非你自己愿意。

有多少人这样问过"世间有真爱存在吗？爱的程度有多深？"有人相信真正的爱情是存在的，而有些人则不会这么认为，他们认为，爱情的最终目的只不过是两个人生活在一起。吃不到葡萄的人不知道葡萄是酸的还是甜的，爱情也一样。得不到真爱的人，以为真爱都是缥缈虚幻的。看看世间有多少人为了真爱而付出自己的一生去等待，守候，或成全，震撼人心的"泰坦尼克号"式的爱情被多少人证实了。女人最痴情，为了爱愿意为他付出自己最美丽的人生，愿意自己忍受着痛苦和心痛，也要带给他幸福。

曾经拥有也是一种幸福

[成全——爱情抗体]

失去了爱，不再回来，那感觉只是过去，只有他能给，只属于他，不再相信爱，心已死，不再为爱去守候。爱，是一个永恒的话题，有多少女人为爱奉献着、为此而伤心、因爱不惜放弃生命、因为一次爱情的失败而不再相信爱情会再重来、为爱而心灰意冷、因爱而恨、为爱而失去了自我；都是爱情惹的祸，从此，她们不再为爱去守候，不再相信有属于她的真爱出现。

女人，对爱情情有独钟，一次爱情的失败，就会使她们的体内产生一种爱情抗体，对爱情变得很麻木。

"京，你想死？"蓝大声骂着她的男友京。

"我又咋你啦，傻丫头？嘴巴天天都这样臭。"京反问着，他们天天都是这样拌着嘴，但这并没有影响到他们之间的感情。

　　在他们的家里，可以看到好多东西不是双份，就是成对的，不是他们太有钱而是太有默契，常常会买同样的东西，因为都知道这样的款式他（她）肯定喜欢。

　　京长得很帅，好多人都对蓝说："男朋友太帅了，小心看不住。"她也知道，但是她相信京不会抛弃自己，就算他抛弃了，自己也会成全他的幸福。

　　也许他们的幸福就要到头了，这些天，他们不再像以前那样天天吵闹了，而是静静地过完每一天。同时，蓝发现了一个问题：京这些天特别爱上网。有时候还会对蓝讲，上网多么有意思，让蓝看他的博客，BBS，QQ空间，像一个女孩子一样在网上养花，最常聊的就是一个名叫"信爱痛失"的好友，他说她很漂亮，也很文静，不像蓝满口脏话；他说这个女孩与蓝有着同样的爱好，但是不像蓝只爱一样；他说她善解人意，不像蓝一样无理也要争取三分回来；他还说从她写的文章里就可以看得出她是个什么样的女孩子，总之，蓝有的缺点她都没有。蓝看着京眉间少有的幸福，那是她从来没有给过他的。

　　蓝又看了看那女孩的照片，发现她是那么清秀，自己简直就不能与之相比，她问京："那女孩有没有男友，要不我帮她介绍。"京说："你还不把人家给卖了。"蓝又骂了他说："你怎么样？真是绝配！"京笑着说道："你要是不哭的话，我就举双手赞成。"蓝有些生气："放屁，我哭过吗？你们结婚的时候不让我去都不行。"

　　不像别人分手一样说着违心的话，"商量"着分手了，是无意但却是事实，蓝离开了，京再也找不到她了，蓝成全了京。二年后，京与那个女孩结婚了，而蓝没有出现，京找不到她的影子。其实，蓝就在京对面的大楼里，看着他一步步地走向自己，伸出手，握的却不是自己，而是那个女孩。她眼睛模糊了，后来发生了什么，她也看不清楚了。

　　朋友一个个都结婚了，忙着给她介绍男友，不管是谁，蓝都总是摇头。朋友说她对爱情产生抗体了。她却说自己是在戒男人。她对朋友说："只有时间才能改变这一切。"

不后悔的成全，也许你会说这个女人真傻，属于自己的爱为何不去争取而拱手让给别人，其实你不知道，她看到那个不属于自己的微笑的时候，心是多么的痛，他那么高兴谈论的不再是她的时候，她感觉自己是多么的失败：没有让他更快乐。所以，她要放手，成全他的爱，因为她知道"所有的悲伤丢在/分手那天/未必永远才算爱得完全"。

女人自私又伟大。自私，想要一个男人永远只爱自己，哪怕与自己的孩子比也要把她放在首位；伟大，爱他就要给他幸福，不是一直占有一个虚壳就能幸福，心早已属于他就再也容不下任何一个人。

[等待爱]

有多少人愿意为爱去等待？又有多少人单纯地为爱付出？现如今社会中，为爱而等待的人越来越少，为爱而付出的人更是少之又少。现在，大多数都是"商业爱情"，真正的爱情被利益所玷污，被金钱所迷惑。虽说爱情面前人人平等，但是却忘记了"只属于两个人的平等"这个先决条件。

每个人都期待爱，都等待爱，可是当遇到命中注定的那个他，而家人却一再反对的时候，你会做出怎样的选择？放弃？守候？追寻？

开晴是豪门大小姐，家里应有尽有，亲情，友情，爱情也一样不少。

到了谈婚论嫁的时候了，父母亲忙着择婿，可是开晴至今只字未提，只是忙着帮爸妈管理公司。

父母并不懂得开晴的心思，其实她早有心仪的对象了，而且一直到现在谁都不知道。开晴爱他，他爱开晴比开晴爱他还要多。他是钢琴家，不懂那些商场上的规则，只有一颗纯洁的心，每当开晴因繁忙的工作累得精疲力尽的时候，只要听到他的一曲钢琴，就会轻松许多，也只有在这个时候，开晴才能真正放松自己。如果不提门当户对、金钱地位等问题的话，他们的爱情是最完美的。

"开晴，上次的那个项目我们亏了，还有一家与我们解除了合同，而如今的这个工程我们又没有抢到手，事事不利，公司快要支撑不下去了。"开晴爸向开晴讲述着公司目前的情况，开晴管理的正是这方面，她也当然知道这些。面对这一切，她知道只有一个办法，对此，她的内心也一直在挣扎：要不要说出口？不说出口，全家人都会沦落为乞丐，说出口，她将失去最爱。

最后，经过重重考虑，开晴终于做出了决定：放弃自己的幸福。当说出这一想法的时候，父母都不同意，都说她太傻了，可是一想到公司就要面临倒闭，他们说也只能如此，却对不起女儿的幸福。

于是，开晴与对手公司的儿子结婚了，当她对男友说出口的那一刻，她第一次在他面前哭了。同时，她希望男友能够在她的结婚典礼上弹一曲"为爱守候"，作为礼物送给她。十年过去了，公司保住了。开晴再次见他的时候是在他的演奏会上，当最后一曲弹完的时候。他的手机响了，是一条短信"再弹一次'为爱守候'好吗？"

他补了一曲，所有人都很激动，他知道开晴在，但是却没有找到开晴的身影。开晴走了，送给他一束花，还有一封信："谢谢你！就算你不再属于我！但我不后悔这样爱过你，今后也将永远爱你，我的心只属于你……"

又一个十年过去了，可怜的是他不知道开晴为了他在结婚不到一个月后就离婚了，而开晴不知道的是在她转身的那一瞬间他向女友提出了分手。

完美的爱情不一定要有一个完美的结局，只要彼此心存真爱就已经足够了。即使错失了，但是心中的那份真情依旧存在；过去的那份爱就足够幸福一生了，在不在一起又何妨。

女人对爱的执着可以说是惊天地泣鬼神，只因她们心中的爱是最纯真的，最真诚的。她们相信，只要有了爱，再困难的事情都不会害怕，一个人过一生也不会孤独，因为她将与他在心里过一生。

都说被一个人默默地爱着是最幸福的，其实自己试着去爱一个人的那种感觉更是幸福的，为一个人去守候一下那幸福是常人所不能体会的。在爱情里获得幸福的感觉是说不出来的，只有用心去爱一次才会明白，才会理解为何会有那么多的痴情女，再也不会笑她们为爱所做出的惊人举动了。因为爱在你的心里已经留下一个挥之不去的印记。

张爱玲的小说里有这么一句"在茫茫人海中，时间的荒野里，遇到该遇到的人，不早一步也不晚一步，那么也没有什么别的可说，唯有轻轻地问一声'哦，原来你也在这里'。"虽然不能在一起，但在多年以后还会记得自己的生命里曾有一个他就足矣，因为你为他守候过。

每个人其实都很幸福，只要笑一笑，没有什么大不了的，并且还会让自己的心情更好，何乐而不为？遇事一个微笑，遇人一个微笑；会大事化小，小事化了，一个微笑会交来一个朋友；时常微笑没有错，而开心的时候也不微笑却说自己不幸福的就是自己的错了。

常说女人微笑一朵花，然而有些人就是不笑，不管开心不开心都不笑。女人一定要时常微笑，说不定一段浪漫的爱情正在等着你呢。

学会让自己开心

［ "伪" 笑族 ］

生活应该是充满阳光、笑声朗朗、惬意的，然而有些人却不是如此，他们不再习惯于笑，笑腺不再受大脑的控制。不管是开心的、伤心的，都只用同一个面孔去对待，不知道自己的面孔是多么的可怕，却一直在说着别人。

感情需要微笑来灌溉，生活需要微笑来点缀，事情需要微笑来化解；爱情如此甜蜜美好常笑会感觉更温暖，生活如此丰富多彩还有什么不开心的。

女人，过得幸福不幸福是由自己决定的，不管生活中发生什么，都要笑着去面对，因为你是生活中的主角。

叶玲，一个结过婚的女人。过去的她对未来充满希望，向往着美好的生活。她是一个白领，工作很轻松，老公对她也很好，一家三口过着无忧无虑的生活。

七年之前，老公经常出差在外，她一个人在家，儿子寄宿在学校。生活太无聊的时候她会与朋友们一起去逛逛街，或是在家里待着看看电视、上上网，生活过得也很惬意。

一天，叶玲正在上网看电视，开心得不得了，突然看到丈夫的头像一闪闪的，可是当看到那样一句话的时候，笑声戛然而止。上面的信息写着"我们离婚吧！其实我出差是假的，只不过是想要逃离那个家。"叶玲不知道这是真的还是假的，打了电话，知道这是个事实。她没有问为什么，看着离婚协议书，钱和房子都是她的，还有一笔数目不小的钱。

从此以后，她再也没有笑过，熟悉的东西都一一扔掉了，并且准备把这套房子卖掉，离开这个地方，去总公司工作。朋友们看着叶玲，欲言又止，目送她上了火车。

来到了另外一个城市，工作成为了叶玲的中心，由于业绩突出，她的职位也一再被提升。一次在回家的路上，看到一张墙体广告的宣传语"你有多长时间没有笑过了？那就试着咧一下嘴角。你有多久没有体验过笑的幸福了？那就笑着对自己说话吧！小心被'伪'笑包装。"

叶玲笑了，不是因为这句话而是因为上面的图画，七年以来，她第一次这样幸福地笑，连自己都不好意思地看看周围。今天的她不再像以前那样回到家里一头倒在床上，而是跑到了镜子前给自己一个微笑。

笑一笑十年少，没有人认为笑是一个错误，所以，每个人都应该尽自己最大的可能去微笑着生活。女人，微笑的时候才能体会到生活中的幸福，生活也才会像盛开的玫瑰花一样火辣、热情。

女人的一颦一笑都会对生活产生影响，生活中有太多的不幸和悲伤，爱人的离去，工作的不顺，感情受挫，困难重重，面对这些，要想过得幸福,方法就是微笑。相信没有过不去的坎，风雨过后依然有彩虹。看看周围幸福的人们，时刻提醒自己不要让"伪"笑包装了自己。

[微笑的爱情]

微笑很轻，不会累着你，也不会让你掏钱。有时候，一个微笑会带给你一个意外；有时候，一个微笑就是一个测试；有时候，一个微笑就能拯救一个人；有时候，一个微笑能够给人信心。有时候，女人的一个微笑就会换来期待已久的爱情。

青梅是一个可爱的小女孩，然而她最讨厌的事情就是强人所难，但是对这些人她有自己的一招，那就是微笑拒绝。她最爱做的事情就是坐着公交车听着音乐去兜风，虽然有点挤，但是她很享受那样的感觉。

每次乘公交车的时候，她都会选择最后一排的位置，看到老孕病残及抱小孩的乘客，她也总是会让出座位，面对别人投来的怀疑或鄙视的目光，她都只是笑笑。在学校里，朋友们都称她为"开心公主"，并且也对她很好。

对于爱情，她有自己想要的王子。期待着完美浪漫爱情的她，不相信现实生活中的那些为了商业利益，为了钱而生活在一起的爱情；她更喜欢"自然的爱"。

一天，她一个人背着书包听着音乐又出去了。刚上公交车，就看到前面有一"老人"拦着公交车不让走，有的人开始骂他，司机按着喇叭一声接一声。最后没办法，都下车了，经过"老人"身边的时候有人骂他，有人恶狠狠地看着他。而青梅却对他微笑着点点头。

几天后，有人问青梅："喂，什么时候有那么帅的一个男朋友，也不介绍我们认识一下？"青梅一头雾水，这时一个帅哥走上来说："HI，你好，不要怪我们家青梅，她只是还没来得及。"

听完这话，青梅更加不解了，她摸了一下自己的脸，有感觉。那人又发话了："不是在做梦，你的微笑我还记得。"青梅一下子想起来了，原来就是那个拦车的"老人"。

"是你？怎么变成这样？"青梅疑惑地问。

"为自己的爱情设下的圈套，为了寻找真爱。很不幸，你是最佳人选，因为你的微笑。"

青梅不敢相信自己的耳朵，可脸上却洋溢着幸福的微笑。这就是青梅微笑时得来的爱情，很完美，很童话。

有人说："女人的微笑是一种无形的杀人武器。"对于爱情来说何尝不是。因为微笑换来一份真爱，因为微笑让自己的心情放松，因为微笑让自己对生活充满了信心。

女人要学会让自己开心，因为开心而展露笑容，不开心的时候也要微笑，因为嘴角上扬才会有喜悦的心情。

一个人的微笑既可以给自己带来好处，也可以影响到身边的人，让他们因为你的快乐而开心，因为你的微笑而感觉到生活的幸福，用你的微笑关怀每一个人，感动每一个人，让他们脸上灿烂的笑容永不落。这样的你才是最幸福的，人生也才是最有意义的。

女人，甜蜜的爱情可以微笑，爱情失败的时候也可以微笑，因为是他让你明白了自己的缺点，还给你了自由；生活如意的时候要笑，不如意的时候也要笑，因为你在被上帝考验着，你在体验着自己的人生，感悟着生活；开心的时候要笑，难过想哭的时候也要笑，因为此时的你已经成熟了。

生活需要点缀才能更多彩，心情需要调解才不会寂寞。有人说，想要成大事的人必须耐得住寂寞；这大多都是在说男人。还有人这样说，想要过得幸福就要耐得住生活中的寂寞，这就是在说女人。所以，女人一定要耐得住寂寞，不要因为爱情而失去幸福，更不要为了获得更多的幸福而失去爱情。

寂寞的女人容易犯错，就是在告诉女人，不要让自己寂寞，把空下来的时间补充上去，让生活得以充实。女人，一定要忍着自己的性子，做一个耐得住寂寞的女人。

过得了充实，也忍得住孤独

［恋上寂寞］

女人最怕寂寞，有的恋上了香烟，有的恋上了酒，有的恋上了夜生活，有的恋上了某个男人的怀抱，有的恋上了某个熟悉的画面。渐渐成瘾，像吸毒一样，一个人很难戒掉，深深地陷在里面，直到内心平静下来的时候才发现，原来自己犯了一个错误。

寂寞的女人说爱是为了不寂寞，不寂寞的女人说恨才不会寂寞；最后她不寂寞了，却不知道从何爱起，她寂寞了却再也找不到恨的理由。到底是因为寂寞才爱，还是因为恨才不寂寞，还是早已经习惯了？

她是一个白领，但在酒吧里却是一个"寂寞女神"，她是这个酒吧的常客，服务生都认识她。每个晚上，她都会来，从来没有在两点之前离开过。常来这里的人都知道她是个不好惹的女人，搭过讪的男人都知道她有多么的强悍。她只来这里喝酒、唱唱歌，从来没有与哪个男人有过亲密的接触。

两年前，她还是一个清纯的女子，有爱自己的男友，两个人过得很幸福，她从来没有喝过酒，没有去过酒吧，也从来没有晚上超过10点才回家，可是现在，她变了。男友的抛弃，她的执着，让她恋上喝酒，恋上酒吧，恋上寂寞。

　　有时候，她一个人坐在吧台前，有时候她会去唱歌，一个人演唱着自己的歌，享受着台下男人们对她的称赞和大呼小叫，如果有人邀请她跳舞，高兴的时候会点点头，与他配合得极其完美，就像事前排练好的一样；不高兴的时候看也不看他一眼，再纠缠，她就会端起酒杯让他们尝尝葡萄酒的味道，她是属于那种"喝酒的女人不一般"的类型。

　　一次，一个男人吸引了她，看得出那个男人也是这里的常客，与服务生调侃着，时不时地看着她，却不像其他男人随机发出了暧昧的"信号"，他在她的对面坐了下来。她今天不知道为何会这么烦，是因为自己被别人看了，而没有理由去"毁"他，还是自己太寂寞？她一杯接一杯，在她头几乎抬不起来、快要倒下的时候，他走过来抱住了她，不顾她的反抗把她带出了酒吧，所有的人都不去看他们，好像他们是情侣一样。

　　当她醒来的时候，发现自己躺在陌生人的床上。这时，熟悉而又陌生的面孔出现了："睡得好吗？"她红着脸一句都不说，他发现她与酒吧时的样子完全不一样：清秀，楚楚动人。"这是你的衣服！吹了一夜终于干了。"当他看到她用被褥裹着，才想起手中的衣服。

　　她接过衣服，说了声"谢谢"，还不忘加上一句："昨晚你睡在哪里？"

　　他指了指沙发，她才放下心。看着他准备好的早餐，她说："谢谢。我是寂寞的女人，不值得！"

　　他看了看她说："我不会因为寂寞而爱，更不会恋上一个寂寞的女人。"

　　她走了，没有吃饭。之后，她依然去酒吧，再次与他在酒吧相遇时，她不看他，他也不看她，好像谁也不认识谁……

　　放不下的过去，影响了现在。不是别人的错，错的是自己明明知道这是个错误还一直错下去。每个人都会在不同的时刻寂寞，而女人是寂寞的动物，不管何时，寂寞的因子在她们的身体里衍生得很迅速，最后全身都充满了寂寞，从此恋上了寂寞。女人，恋上寂寞是很可怕的，会让你一直沉迷下去，想要找到解除的办法会很难。

[戒寂寞]

谁都会寂寞，只不过有的人会去寻找自解寂寞的办法，不让自己因寂寞而上瘾，因为她们知道，因为寂寞而爱的爱情不会长久，更不会成为现实，它只属于某一个时间段。

女人，不要因为寂寞而撒谎说着某种感觉的爱，而要勇敢地走出来，不要因为寂寞而幻想你们还有未来，现实中的爱才是最真的。

一个女人坐在草地上，身边的草被风吹着，左一摇右一摆的，很有节奏，看似很舒服的美景，而她却是一个寂寞的女人。嘴里叼着一支烟，吸一口咽一下，脸扭曲着，有时候会听到轻轻的"咳咳"声，能闻得到烟的味道却看不到烟的云卷云舒，她的一切与大自然形成了鲜明的对比，她是寂寞的紫元。

脱掉鞋，赤着脚，偶尔抬头看看天空，天空没有一片云彩。躺下，头放在左边，看到左边有一个明朗的男子，刚好朝着她相反的方向躺着。

不知是这么熟悉的草地人太少，还是他对紫元的吸引力太大。一分钟过后，一男一女，互相顶着头，静静的草地上配着轻轻的音乐，夹着不是太沸腾的人声，紫元闭上了双眼。"我叫紫元，你叫什么？""我叫蓝一。"紫元不再说话，好像在等着他说下去，而他想着紫元会问下去，也沉默了许久。

微微的灯光越来越明亮了，紫元好像睡着了一样，一动不动，风轻轻地吹着，有一丝丝冷的感觉，可她一直在忍着，让身体坠入短暂的麻木中，忘记了身边所有的一切，抛弃了所有，享受着这寂寞的时光。

"喂，寂寞女"，他喊紫元。"寂寞男，有事？"紫元没有睡着，在默默地数着心跳动的节拍。"哎，该死"，紫元摸着空空如也的烟盒骂道，看着草地上一片烟头，她哼了一声。低头看着他，看不清的眼神却是自己最爱的，在此刻，紫元喜欢上了他，也许是因为那个眼神，没有任何理由可以解释。

"最后一次来这里"，他突然对紫元说。紫元"哦"了一声，之后，他对紫元讲了一个故事。第二天，他走了，紫元等了一天也没见到他的影子，这才想起来，自己没有留下他的任何联系方式。她突然又想起了他讲的那个故事：一个寂寞男恋上了寂寞女，最后女人走了，男人从此就不再寂寞了。因为他想通了，他对她的喜欢只不过是在此刻，因寂寞而爱。

紫元明白了他的意思。"蓝一，我要戒寂寞"，紫元大声喊着。从此，她再也没有来过这片草地。

因某个时段而爱，因身处某个景色而爱，因某时的想念而爱，都是因为寂寞才会有的。那时的爱是难以忘记的、美丽的，美得想让人去珍惜爱护这份回忆，可这并不是永恒的。女人要记得，寂寞时的爱纵然美丽，却是短暂的，陷入里面就会无法自拔，所以，女人一定要习惯生活，不要让寂寞悄悄地进入你的身体。只有戒掉寂寞，才会感觉很充实。

寂寞其实只不过是不习惯一个人，不习惯一个人过生活，不习惯一个人扮演着同一个角色。想要尝试新的生活，想要扮演不同的角色。人生来就是孤独的，一个人来到人世，痛苦折磨着自己，孤独着让自己太过寂寞，所以才会在某个时间段犯错，为自己的生活不明就里地添加了一些颜色。

生活中没有什么放不下，也没有什么值得让你去放弃现实的生活。女人，不管身处何时何地都不要恋上寂寞。虽然生活有许多不公平，但终究还是要生活下去，只要时刻想着自己，就可戒除寂寞了。

经常忙的人会羡慕轻闲的人，说："看，人家怎么就没有那么忙？"轻闲的人看到繁忙的人会奇怪地说："他们天天都在忙什么呢？还那么有激情！"每个人都在羡慕着对方，殊不知对方其实也有许多难处。

忙着的人抱怨过生活不容易，太累，每天都忙忙碌碌的却不知道为了啥；看着悠闲的人们再想想自己到头来什么都没有，反而忙了一生。

快乐都是自己找的，女人，总是说生活平凡无奇，其实，你可以忙里偷闲，适当地给自己的生活加点料，繁忙之余可以将时间挤一挤，压一压，让生活变得有节奏。

适当给自己的生活加点料

[忙！丢了爱情]

如今，"忙死了"、"累死啦"之类的话成为了忙人的标志，她们没有时间去逛街，没有时间与朋友们一起聚聚，没有时间化妆，甚至连吃饭的时间都没有。其实，没必要这样为难自己。生活中，总是有那么一些女人一心想要做生活的强者，却在感情面前失败了。

近些日子，寻菲一直都在忙碌着，每天早出晚归，好像消失了一样，朋友们都联系不到她。到最后才知道，她一直在忙着考证，参加辅导班。

由于她经常这样忙碌，男友总是约不到她，因而提出了分手。就在男友说分手的时候，她还急着说："不就是个分手吗？两个字嘴一张一合就说出来了，还这么磨叨，还剩十分钟我就要上课了。"男友什么话也没说，看着她急冲冲的样子，狠了狠心走了。

一个星期过去了，当她有事找男友，才突然意识到自己与男友已经分手了。这时，她才感觉到自己有多忙，有多少天没与男友在一起了。

这天晚上，寻菲失眠了，躺下来想想这段日子自己只顾着忙碌却从来没有想过男友的感受，连分手的时候都可笑地说自己还在赶时间。自从这两年两人确定了关系以来，都是男友在约自己，自己从来没有主动过一次；男友说浪漫一下去看电影的时候，她都会迟到半个小时，借口却是因为一个稿子；更有甚者，为了庆祝恋爱一周年，与男友商量好的，一起去吃烛光晚餐，可是却让男友等了一夜，她在家里睡着了，等第二天男友找她理论的时候，她才想起来。

想着这些，她拿起电话，拨通了男友的号码。当她再问他们之间还有没有可能的时候，男友毫不犹豫地说："你是个好女孩。希望你以后不要太忙，适当地放松自己，也给他人一个喘息的时间。"

挂掉电话后，寻菲很是苦闷，自己的忙碌不仅使朋友远离了她，就连爱情也丢了。

因为工作每个人都在忙碌着，因为金钱每个人都在努力工作，因为社会的进步为了不被淘汰，每个人都在忙着为自己"充电"、"加油"，却忘记了自己有多少天没有去接过孩子放学了，又有多少女人成为了工作狂而淡忘了青春早已离自己而去。

都是因为忙，什么都被抛到了脑后，这样不懂得心疼自己，最后受伤的还是自己，容颜易衰老，孩子会认为你这个妈妈做的不合格，丈夫会认为你不再是以前的那个小鸟依人的妻子，对你的爱无法掌控。女人可以让自己忙碌，但不可太过忙碌，否则会失去很多。

[让自己歇一歇]

生活不能总是处于紧张的状态，弦绷得太紧会断的。适当放松一下，不要让生活窒息，一张一弛的生活才会显得更有节奏，更耐人寻味。

太过繁忙的时候，可以偷空让自己闲一会，比如在家里做家务的时候可以放音乐让自己的心情放松，工作的时候可以让自己的脑子停止转动一下，心累的时候可以看看绿草鲜花，或往远处观望领略不一样的风景，这样，才能真正放松自己，才能感觉到生活的美好。

忆青这些天一直都在忙，好长时间没有见到女儿了，脸上的痘痘肆虐起来了，晚上一回到家里倒头就睡着了，也没心情做饭了，老公很体谅地开始做饭。

今天她又要加班了，女儿看着妈妈说："今天是不是又不能陪我去公园了？妈妈好坏！"忆青看着女儿生气的表情，很内疚地说："宝宝乖，妈妈有时间一定加倍补偿好不好？跟爸爸玩得开心点！"说着就上了公交车。

来到公司里，看着办公桌上一大堆的文件，自己都快晕了。她放下包，一个个地翻阅着，可是越看越心烦，也许是这些工作太累了，今天的她无比的烦，但依然强逼着自己去工作。

她只想快点把这些文件都处理完，好让自己歇歇。当她看完去拿另外一本的时候看到文件后面有一个小娃娃，脸圆圆的，鼻子却很小，嘴嘟嘟着，红红的，像是很生气，但是却让人看一眼就喜欢上了它，那个姿势更是可笑，好像是与忆青较量谁比较强大似的。忆青翻看着娃娃，这时才发现她的衣服上还有祝福语"你烦恼吗？那就笑一笑。你累了吗？那就偷闲一下，不要太傻累坏了自己。你想他了吗？那就看看我吧！"

"呵呵……"忆青笑了，笑得那么轻松。她端详着布娃娃才几分钟，却感到如此的快乐。随后，忆青将手中的布娃娃放在了办公桌前，很快就审阅完了剩下的文件。

忙完工作，她赶忙给老公打电话，他们在公园里还没有回家。于是，她飞奔到公园，女儿看到妈妈的到来，兴奋地说道："妈妈，是我不好，妈妈是爱我的。"

忆青看着女儿，老公看着忆青，一家人都开心地笑了。忆青没想到，一个布娃娃让疲惫的她忘记了累，感觉生活是这么的幸福。

其实，生活中有许多我们意想不到的事情都是很有趣的，只要我们用心去体会，转移一下自己的视线，你会发现以前累的那种感觉已经消失了。

事业的成功不能代表你真正的成功，爱情的成功也并不能代表真正的成功，只有爱情事业双丰收，才是真正的成功。

有人说，事业中的女人，成功是第一，金钱是第二，家庭被放在第三位。其实这样的人是不会幸福的，她们的心灵是空虚的。只有建立在家庭之上的幸福才是最真的。

女人可以做一个女强人，从星期一到星期五做一个工作狂；女人在生活中可以做一个软弱的女人，星期六到星期日把时间分给老公，同时做一位可爱的妈妈。不让太忙的自己丢失了，学会偷闲，从忙中寻找快乐，过幸福生活！

我们常把生活比做一个五味瓶，里面充满酸甜苦辣咸；还有人把生活比做一张张白纸，让我们一一去着色；其实生活更像一束光线，给你一线希望，为你照亮前方，让你的生活从此不再黑暗。

很多时候，女人之所以不快乐，完全是内心在作怪。其实，生活到处都充满阳光，没有不快乐，有的只是自寻烦恼。

给生活注入一轮不落的太阳

［灰暗的一天］

不管大事小事都对生活有着影响，因为它们都是生活中的一个组成部分。幸福是由自己来主宰的，需要自己来带动它，你才会感觉到生活中的幸福。

女人，如果在生活中听不得别人的一句闲言碎语，看不得别人的一言一行，耐不住自己的性子，常常对生活抱怨，那么你的生活就是灰暗的，你会感觉到内心深处一丝丝的冷，感觉不到生活中的幸福却陷入自己设下的漩涡中苦苦地挣扎着。

她不同于别人，对生活的质量有着很高的要求，对任何事情都要求得太过完美；她不相信自己的生活会有这么一天，可是事情还是真真实实地发生了，也正是这件事情的发生，让她有了记忆中最灰暗的一天。

许多人都认为，他们生活在一起并不快乐，所以，她要证明给他们看，他们在一起一定会幸福的，终于，他和她如愿步入了婚姻的殿堂。

结婚后，他们生活得很快乐，他有着工资高、又轻松的工作；她也工作着，每天下班赶着回家，两个人的日子过得无比的幸福。

一年过去了，她怀孕了，便辞去了工作在家里休养，开始做家庭主妇。从此，她开始对他要求越来越严了，规定他几点去上班，几点回到家；有时候说家里的这个不好用，那个该换了；自己的身体越来越不漂亮了，他对她越来越不好了。

一天，她看中了一件孕妇服，想要丈夫去买，还说如果等到下班去买就说明不爱她了。为了证明对她的爱，他专门请假去买。三个小时过去了，他还没有回来，打电话也没人接。她接着等，一个上午过去了，他依旧没有回来，电话仍旧没人接。于是，她无聊地打开电视，不料却看到一则新闻"一位叫王俊的先生手里握着一件女孕服装，被车撞了，经抢救无效死亡……"后面再说的话，她没有听到，但是听着"王俊"这两个字太熟悉了，是她丈夫。

倔强了一次，测试丈夫对自己的爱，抱怨生活的不幸福，让她失去了丈夫，让还没有出生的孩子成了单亲一员。她恨结婚那天，那天是她人生中最黑暗的日子。

其实，生活没有什么过不去的坎，也没有什么是值不值得的，只不过是自己太计较罢了，而太计较的后果就是失去，再也回不来了，连同计较的机会一起失去了，最后只剩下自己一个人。

女人不要对生活中的每个人都要求得如此完美，太完美就会对生活产生抱怨，抱怨太多，你的内心就会丧失幸福的阳光而充满绝望，这样的生活是不幸福的。生活的本质在于追求幸福和快乐，把心思放在这方面，内心才会平静，生活也会随着转晴。

[那盏灯]

如果一个人常把自己封闭在自己设定的烦恼中，那她是不快乐的，如果明知这样自己会不快乐还钟情于它，陷在痛苦中，不舍得离开，那么生活就会变得越来越糟糕，抱怨连绵不断，其实你这是在接受过去，回忆痛苦。

女人，若想要过幸福的生活，就要拿得起放得下，忘记过去，不回头，拿出自己的勇气去面对新的生活，寻找生活中的那盏灯，生活才会有另一番景象。

夏文长得清秀可爱，但却有着一个特别的习惯，那就是戴眼镜，之所以有这个习惯，是因为她害怕看到别人的眼神。她的眼镜是暗紫色的，不管何时，她都会戴着。

夏文在一家外贸公司上班，每天下班很晚，一直以来，由于公交车很难等，她都骑自行车上下班。每天晚上下班，在她途经的地方，总是有一盏灯很亮，为她照亮前行的路。

一次，公司集体出游，她执意说不去。整个公司的人都走了，她一个人在公司里闲呆到很晚才回家。

恰巧这天，夏文回家路上的那盏灯不亮了，她不敢骑车，只有推着车子一步一步地走着。看着周围稀稀行走的人们，没有人注意她，她便摘掉了眼镜。这是她第二次摘下眼镜，她想真正地欣赏周边的夜景。不料，就在这时，那盏灯突然亮了，夏文转过身来看那盏灯，微笑着，呆呆地看着，停下了行走的脚步。

"其实不戴眼镜的你更漂亮！"一个声音打断了夏文，这时，她才想起戴眼镜。她一下子低下了头，也没看清楚是谁。他正是夏文的上司苏可，他不喜欢一群人去旅行，苏可也就是那盏灯的主人，他已经注意夏文两年了，发现她从来没有把眼镜摘掉过，而且天黑的时候她不骑车，总是一个人默默地走着。

夏文仍旧不抬头看苏可，"陪我听一个故事好不好？关于这盏灯的故事"，苏可小心地问着，夏文点了点头。

"两年前，一个男孩爱上了一个戴眼镜的女孩，但这个女孩一直都不知道。这个男孩是她的上司，一次在下班回来的路上看到了那个女孩没有骑车，摘下眼镜一个人慢慢走着。后来，那个男孩从别人那里知道了真正原因，于是就有了这盏灯。男孩每天晚上都会准时把灯按亮。两年过去了，男孩发现女孩根本不可能会爱上自己，因为她的心在作怪。之后，男孩就想出了一个办法：把灯熄灭来吸引女孩。终于等到了女孩又摘掉眼镜的那一刻。我的故事讲完了，想知道那个男孩是谁吗？"苏可看着夏文。

"我知道那个女孩叫夏文"，夏文的眼泪一滴滴地滴在眼镜片上，此时的她感觉灯光比以前更亮了，她哽咽着说："苏经理，谢谢你，真的谢谢你，谢谢你给了我一盏灯。"

"我希望做你心中的那盏灯"，苏可温柔地说道。夏文再一次哭了，点着头，苏可把她搂在了怀里。从此，夏文再也没有戴过那副眼镜，整个人都变了样，见到阳光的她更加妩媚动人。

不是上天的安排，却创造了最美的爱情神话；逃避灿烂的阳光却在转角的一刹那有个他默默地为你奉献着，时刻为你珍藏着一丝光线。其实，你一直都是幸福的，只不过是发现得太晚或是不习惯黑暗，早已忘记了阳光是什么样子，忘记了阳光还有温度。直到阳光照射到你头顶的时候，你才发现自己原来是那么的幸福，只因为那一盏灯，让你感觉到了阳光的灿烂，明白了阳光还有温度，享受到了生活原来是如此的幸福。

常常听到女人抱怨生活多么的不如人意，还有人甚至想到了死。其实，生活也像在寻找宝藏，在寻找的过程中都是在过着阴冷潮湿的日子，在这些日子里最需要的、最渴望得到的就是阳光，借着这阳光去照亮自己的心灵，给自己以希望。

女人，生活其实是很美好的！当你每天早上起来看到第一缕阳光的时候，你应该感觉到自己很幸福，因为你还能看到阳光。知足者常乐，要对生活充满希望，努力让自己的生活多一些阳光，少一些挫折，这样才会过得幸福。